"你的全世界来了"科普阅读书系

U0816450

房屋来了

马 然◎编 著

丛书主编：安若水
副 主 编：王竞华 毕经纬
编　　者：毕研波 海 秋 张思源 王水香 马 然
插　　图：支晓光

山西出版传媒集团 山西教育出版社
·太原·

图书在版编目（CIP）数据

房屋来了 / 马然编著. — 太原 ：山西教育出版社，2025.5
（“你的全世界来了”科普阅读书系 / 安若水主编）
ISBN 978-7-5703-3441-4

Ⅰ. ①房… Ⅱ. ①马… Ⅲ. ①房屋-青少年读物 Ⅳ. ①TU24-49

中国国家版本馆 CIP 数据核字（2023）第 138143 号

房屋来了
FANGWU LAILE

策　　划　彭琼梅
责任编辑　康红刚
复　　审　邓吉忠
终　　审　康　健
装帧设计　崔文娟
印装监制　蔡　洁

出版发行　山西出版传媒集团 · 山西教育出版社
（太原市水西门街馒头巷 7 号　电话：0351-4729801　邮编：030002）
印　　装　山西新华印业有限公司
开　　本　890×1240　1/32
印　　张　5
字　　数　100 千字
版　　次　2025 年 5 月第 1 版　2025 年 5 月第 1 次印刷
书　　号　ISBN 978-7-5703-3441-4
定　　价　23.00 元

目录

目录

1 第一缕文明之光——洞穴之光

童年时，用积木拼成房屋，这是我们小时候对房屋设想的实现。可是，你能想到原始人最初的居所是什么样的吗？

由于原始社会生产力低下，因而原始人的住宅也比较简陋，但他们对建筑领域的贡献非常大。因为，这些简陋的建筑是后来社会上出现的各种形态建筑的基础。

旧石器时代早期，猿人生活在茂密的森林中。面对恶劣的自然环境和猛兽蛇虫的威胁，他们为了安全，本能地对居住的方式有了选择。一部分猿人选择住在树上，在分枝开阔的枝杈间铺设枝干茎叶，构成居住面，再在上面用枝干相交构成避风雨的棚架，上覆泥土，如同鸟巢。一部分猿人选择在山洞里居住。

人类居住过的洞穴

相传尧舜时期，洪水经常泛滥，居住在树上或洞穴里的人们，学会了一些技能。住在树上的人们，学会了除掉一些枝杈，在树枝空当处，加进来一些枝干和茎叶等，以便自己住起来更舒适。他们对所住地方的修补体现了“建造”意识。住在洞穴里的原始人，也学着做一些简单的修理工作，如把洞口加以掩盖，防止野兽突袭；对洞内环境也会稍加整理，使自己住起来更舒适些。

为防止野兽突袭而略加遮挡掩盖的洞穴

最初，人们先是在一棵大树上结巢为屋，后来发展到用数根木头结巢。因人口逐渐增多，多数人找不到适合筑巢的大树，加上林木的不足，于是出现了人工插木于土里来筑屋的现象。

人口增多了，居住在山洞里的人们发现，一个山洞已经不够一大家人居住，便寻找新的山洞。但山洞有限，人们在无法找到新的山洞时，从山洞的造型中受到启发，开始了人工挖掘洞穴。

洞穴内相对恒温，可以遮风挡雨，可以说洞穴的出现也是第一缕文明之光。

到了新石器时代，原始社会人们居所的发展，基本是在巢居和穴居这两种形式的基础上逐步完善的。此时，原始人的房屋内，已有了家具的雏形和简单的室内装饰。

2 人文始祖——有巢氏

有巢氏是一个人的名字，但这名字是后人起的，不是他本身自有的。传说，他是中国上古时期的一个部落首领，他生活的时代是在旧石器时代早期。他发明了一种居住方式，叫巢居。因此被人追赠有巢氏。

有巢氏塑像

远古时期，人少，野兽多。那时原始人与禽兽为伍，他们以采集为主，主要居住在陆地上，常年受猛兽蛇虫的侵害，生命毫无保障。有个人受鸟类在树上筑巢的启发，教人们在树上筑屋，他在高大的树干上，用枝叶和藤条将四周遮挡得严严实实。这样既能挡风避雨，又可预防禽兽的攻击。被围起来的这个居所叫巢居。

这个房屋是建在树上的，所以早期的巢居又被称为树上居，后来延伸到在平地上建筑房屋。有了树上居，人们的基本生存有了保障，可以远离野兽的袭击，也不会害怕洪水的侵袭。大家为感激这位发明巢居的人，便推选他为部落首领，尊称他为有巢氏。

有巢氏被推选为部落首领后，关心百姓，为大家谋福利。他教族人建造房屋，教百姓用树叶、动物毛皮做成衣服。他白天教人们采摘橡栗作为食物，晚上让族人睡在树上。

他还强调实行族外通婚，有巢氏排除了兄弟姐妹间的通婚关系，禁止同一家族内部的同辈男女之间通婚。他希望男子只能选择其他家族的女子为“妻”，女子只能选择其他家族的男子为“夫”。这种族外通婚相对于同一家族内通婚，是人类文明发展的巨大进步。

后来，在大禹时期，有巢氏族后裔建立了自己的氏族方国——巢国。大禹领导有巢氏的后裔治理水患，开发江淮。在夏、商、周三代，巢国凭借与夏朝特殊的亲缘关系，世代为诸侯国。有巢氏部落是中华民族最早形成且堪称第一的氏族部落。

著名历史学家吕振羽在《中国历史讲稿》中指出：“到了有巢氏，我们的祖先才开始和动物区别开来……从此就开始了人类历史。”

有巢氏最早率领大家走出洞穴，引导人类为脱离动物界而迈开了重要的一步，是觉醒最早的原始人之一。

有巢氏的时代，原始人已经知道制造工具、使用工具，尽管工具仅是石块和木棍而已。但有巢氏代表着当时人类发展的一个阶段，即从原始的山洞居住发展到建造房屋的阶段，是人类社会进步的一个标志。

原始巢居发展序列图

2008 年北京奥运会主场馆鸟巢，2019 年中国北京世界园艺博览会中国馆的设计、建造理念都吸收了有巢氏巢居的古老智慧。这既表明了当今社会对巢居文明的敬仰，也表明了有巢氏开创巢居文明的伟大功绩，对中华文明和人类文明的发展都具有积极和深远的影响。

有巢氏的诸多贡献，表明了他是人类文明的领航者。因此，有巢氏被公认为华夏“第一人文始祖”。

3 防潮湿建筑——干栏式民居

干栏式建筑被称作中国五大古典民居建筑之一。

我们前面讲了巢居，知道随着人口的增长，人们开始仿照树上居住形式而建地面巢居，而这种包括树上与地面搭建形式的巢居，就是后来中国民居建筑中干栏式民居的雏形。

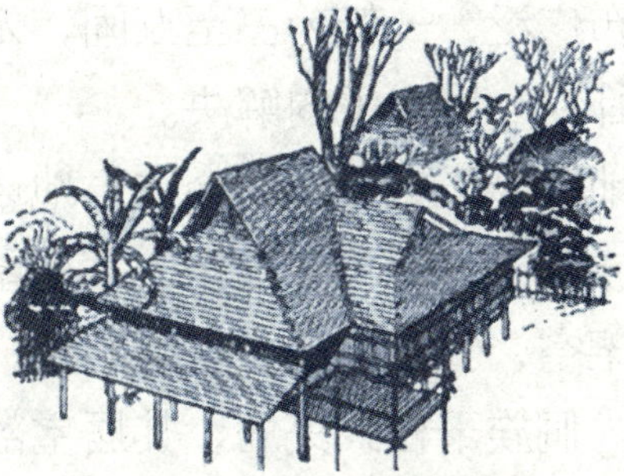

干栏式民居示意图之一

干栏式民居，多出现在多雨水多树木的南方。南方的木材多，用砍伐的木头做成屋架，再将屋架竖起在选定的地面上，在上面架上梁、檩等，干栏式民居的骨架就完成了。再在骨架上搭上顶，在室内铺好地板，民居就成形了。

干栏式民居示意图之二

干栏式民居具有通风、防潮、防兽等优点，尤其对于气候炎热、潮湿多雨的亚热带地区更加适用。这类民居规模不大，但分布广泛，一般为三至五间，无院落。日常生活及生产活动都在一幢房子内解决。

在不同的地区，干栏式民居会依当地环境有不同程度的变化。如傣族民居多为竹木结构，茅草屋顶，故又称为竹楼。其下部架空，竹席铺地，席地而坐，有宽大的前廊和露天的晒台。侗族干栏式民居，其居室部分开敞外露较多，喜用挑廊及吊楼。同时，侗族村寨中皆建造一座多檐式高耸的鼓楼，作为全村人的活动场所。

干栏式民居的建造材质有茅草、瓦和石头等，比如居住在镇宁、安顺、六盘水一带的布依族，由于受建筑材料的限制，完全改用石头建房子，但其原型仍是干栏式构造。

干栏式住宅的楼层，一般为两到四层不等。根据架空间的高矮，干栏式住宅又分为矮干栏式和高干栏式两种形式，但不论是高是矮，不论有几层，最底下的一层都不住人。矮干栏式民居一般有三层，上层楼阁较低，作为卧室；底层因为太矮，难以直立站人，所以只起架空防潮的作用。高干栏式民居中，多数民族的住宅一般都高达四层，上面的阁楼可作为卧室或储藏室；底层因为较宽且高，人完全可以直立，但底层仍然不住人，而是用来拴牲畜或放置大型农具。有的人家还在下面设置厕所。

最早的干栏式建筑是在浙江余姚河姆渡遗址中发现的。他们建造住宅时，将木桩插于地下，木桩上架设纵横交错的地梁，再于地梁上铺设十几厘米厚的地板，地板上再立柱、架梁、盖顶等。

从住宅营建看，河姆渡人已经掌握伐木和将木材加工成桩、柱、梁、板等建筑构件的技术，还有梁柱间的榫卯接合、地板用企口板密拼，而且不同榫卯形式均基本上符合受力要求，与晚期木构大致相同。木构件上还有植物茎叶等装饰图案。

河姆渡遗址内的干栏式建筑遗迹中，出土了上百件带榫卯结构的木构件，这说明只有榫卯发明以后，特别是带梢钉孔榫应用以后，加强了梁柱的连接，才使得架空的干栏式建筑能稳稳立住。

后来，因此衍生出来的居所还有高脚楼、吊脚楼、竹楼等。

4 半干栏式建筑——吊脚楼

在乡土住宅建筑的分类中，把底层架空的住宅称为干栏式住房，亦称高栏、葛栏或麻栏等。此外，一般文献上所说的栅居、巢居等，大体所指的也是干栏式建筑，吊脚楼也属于这种建筑。吊脚楼是我国西南少数民族地区常见的民居形式，多建在依山靠河的地方，主要分布在湘西、鄂西、渝东南、黔东北等地区。

最早把吊脚楼记录为“干栏”的是《魏书·僚传》。该书记载：“依树积木，以居其上，名曰干栏。”一般的干栏式建筑全部是架空的，而吊脚楼多为半架空式。

吊脚楼正门全景

建吊脚楼时会依据地形的要求，用一些长木桩或竹竿来制成建筑的梁架，以主柱承重，通过立柱直接将屋面重量传至地基，并以穿枋连接檐柱和中柱，保持立柱的稳定，建筑物延伸出来的部分，下面是水面或山坡，架空而不成为房间。吊脚楼板壁只起围护或分隔空间的作用。

吊脚楼分上下两层，因为上层通风、干燥、防潮而作为居室；下层只用来拴牲口或用来堆放杂物。

一般人家的房屋规模为一栋4排扇3间屋或6排扇5间屋；中等人家为5柱2骑、5柱4骑；大户人家则是7柱4骑。4排扇3间屋的住宅，中间为堂屋，左右两边称为饶间，作居住、做饭之用。饶间以中柱为界分为两半，前面作火炕，后面作卧室。

吊脚楼全景

有的吊脚楼为三层建筑，除了屋顶盖瓦以外，全部用杉木建造。屋柱用大杉木凿眼，柱与柱之间用杉木斜穿直套连在一起，尽管不用一个铁钉但十分坚固。

第一层用来饲养家禽，放置农具和重物等。

第二层是饮食起居处，内设卧室，卧室的外面是堂屋，堂屋内设有火塘。堂屋是家人做手工活和休息的地方，也是接待客人的场所。堂屋的另一侧有一道与其相连的走廊，廊外设有半人高的栏杆，内有一排长凳，家人常居于此休息。节日期间，妈妈常在此给女儿打扮。

第三层透风干燥，十分宽敞，除做居室外，还隔出小间用作储粮和存物。

吊脚楼的建筑形式多种多样，其类型有以下几种：

单吊式，又称一头吊或钥匙头。其特点是只有正屋一边的厢房伸出悬空，下面用木柱相撑。

双吊式，又称为双头吊或撮箕口，特点是正房的两头都有伸出悬空的厢房。

二屋吊式，即在一般吊脚楼上再加一层。单吊双吊均适用。

平地起吊式，主要特征是，建在平坝中，按地形本不需要吊脚，却偏偏将厢房抬起，用木柱支撑。支撑用的木柱所落地面和正屋地面平齐，使厢房略高于正屋。

四合水式，是将正屋两头厢房吊脚楼部分的上部连成一体，形成一个四合院，两厢房的楼下即为大门。进大门后上几步石阶才能进入正房。

吊脚楼在立屋竖柱时，主人选黄道吉日，请众乡邻帮忙，上梁前要祭梁，然后众人协力将一排排木扇竖起。这时，鞭炮齐鸣，左邻右舍送礼物祝贺。

中国有名的吊脚楼有：苗族吊脚楼、侗族吊脚楼、瑶族吊脚楼和土家族吊脚楼等。

5 干栏式建筑——傣族的竹楼

傣族人民多居住在山岭间的平坝地上，周围有翠竹环绕，雨量充沛，所住房屋多用竹子建造，称为竹楼，这是傣族人民的传统民居，属于干栏式建筑。

竹楼常用粗竹做房屋骨架，竹编篾子做墙体，楼板用木板或竹篾，屋顶铺草。竹楼的房顶呈“人”字形，这样搭建有利于排水。傣族竹楼多为高脚楼房，高脚长约7尺，有利于通风、防潮和排水。

竹楼一景

竹楼的平面呈方形，底层架空，四周不用墙，用于饲养牲畜与堆放杂物，也在这里进行舂打粮食等农活。楼上有堂屋与卧室，堂屋里设有火塘。堂屋外有开敞的前廊和晒台。前廊有顶，是主人白日工作、吃饭、休息与待客的地方。晒台露天无顶，多在楼的一角，是主人盥洗、存放水罐和晾晒衣物和农作物之处，这一廊一台是竹楼不可缺少的部分。

竹楼下面与地面架空，四周墙壁透气，所以整座竹楼既防潮，利于通风散热；又可避虫兽侵袭，而且架空的竹楼也利于洪水通过。

竹楼近景

竹楼按照高度可分为高、低楼两种，实际的区别则是架空层的高低差异。

高楼的底层一般在120厘米~190厘米之间，至少能满足底层圈养牲畜的需要；而低楼的底层一般只有60厘米~80厘米，这种低楼多为当地贫困家庭或者汉族入赘者的居所。

竹楼的外部造型会因为地区不同而出现差异，其内部也同样。如西双版纳地区的傣家人习惯数代同居一室，因此民居中往往只设一间卧室。而德宏地区，则往往分室而居。

从成形的竹楼外面能看出贫富来，因为以前老百姓的住房不让建成瓦房，不准做雕刻装饰，廊子不许做三间，堂屋不能用六扇格子门，甚至楼梯也不许分作两段，楼上楼下的柱子不能用一根通长的木料，还不得用石头柱础。

村中的大户人家，他们的房屋，可以在屋顶椽子上横钉竹条。每条间两寸许，将瓦挂竹条上，如鱼鳞状，不再加灰固，故傣族屋顶是不能攀登的。

6 你应熟悉的建筑名词（上）

女儿墙

女儿墙是一种矮墙，多筑于城墙、平房楼台的顶部。民居建筑有些风水墙也做成女儿墙的形式，主要作用是除维护安全外，亦会作为底处的防水压砖来收头，以避免防水层渗水或屋顶雨水漫流。

依国家建筑规范可知，女儿墙高度一般不得低于1.1米，最高不得高于1.5米。

垂花门

垂花门，古建筑中最具有审美价值的一种门框样式，在住宅、园林、衙署、寺观等建筑群体中有着十分鲜明的艺术个性和特有的建筑功能。垂花门也是四合院中内宅与外宅（前院）的分界线和唯一通道。

因其檐柱不落地，垂吊在屋檐下，称为垂柱，其下有一垂珠，通常彩绘为花瓣的形式，故被称为垂花门。

旧时人们常说的“大门不出，二门不迈”中的“二门”即指垂花门。

影壁

影壁，古建筑墙体形式，亦称照壁、影墙、照墙。影壁由壁身、壁顶和壁座三部分组成。壁座最考究的是须弥座，壁身由龙饰、山水、文字等图案组成，壁顶多为歇山式、庑殿式、悬山式、硬山式等造型。从使用材料区分，有琉璃影壁和砖雕影壁；从结构形式看，有一字形影壁、八字形影壁等。

影壁的功用是作为建筑组群前面的屏障，以别内外，并增加威严和肃静的气氛，有装饰的作用。

影壁

鸱吻

鸱吻是一种饰物，放在屋脊正脊的两端。鸱吻多用陶或琉璃制成，有固定屋瓦、美化屋脊的作用。因传说鸱吻为龙的九子之一，能喷水降雨，故用在屋脊上，取其防火、辟邪之意。

牌楼

牌楼，多被安置在一组建筑群的最前面，或者立在一座城市的市中心，通衢大道的两头，所以它们的位置都很显著。牌楼也称牌坊，最早见于周朝，起初是用作旌表节孝的纪念物，后来在园林、寺观、宫苑、陵墓和街道均有建造，北京是中国牌楼最多的城市。

火塘

火塘是一种在房间内用土铺成的约一平方地面上设置的一种凹下去的灶，多见于干栏式民居中，可用来烧水、煮饭、烤衣服，是原始人对火崇拜习俗的延续。以前，火塘里立有三块石头，以备烧火煮饭之用；后来，都改用铁三脚架。主火塘里终年烟火缭绕，白天煮饭，晚上烤火取暖。

天井

天井是指宅院中房与房之间或房与围墙之间所围成的露天空间，是指四面有房屋、三面有房屋另一面有围墙或两面有房屋另两面有围墙的中间空地，能赋予建筑空间更多的艺术品格。作为一种建筑空间形态，天井普遍存在于明清至今的中国传统民居中。

天井

7 你应熟悉的建筑名词（下）

井干式构架

井干式构架，是指用圆木或方形、矩形、六角形等断面的木料层层垒叠，由半刻的榫卯相互咬合，形成的平面形似“井”字的构架。在遗存的商代后期陵墓中发现有井干式棺椁，可以推知，井干式建筑在这个时期已经十分流行。

抬梁式构架

抬梁式构架，是古建筑大木作结构形式之一，与干栏式、穿斗式、井干式并称为我国四大传统结构。

抬梁式结构的特征是纵横排列的柱子承托梁栿，梁上再放短柱，短柱上又放短梁，以此层层叠落直到屋脊，各个梁头上再架檩条以承托屋檐，梁栿以上的重量通过柱子传递到地面，而柱子与柱子之间的联系由主要梁栿承担。层层抬起梁架结构，是抬梁式结构的显著特点。

藻井

藻井是装饰传统建筑顶棚的一种手法。藻井形状多样，有四方形、圆形、八角形等，也有将几种形状融为一体，层层叠落，富有层次感的。

藻井

榫卯

榫卯，古建筑构件之间的连接件。榫，构件上突出的部分，又称公榫；卯，凿刻形成卯眼的构件，又称母榫。两个构件是靠相互间的阴阳咬合来连接的，不同类型的榫卯被用在受力不同的构件上。

由于制作技术的空前发展，榫卯的形式和用途更加丰富与规范，除木结构使用榫卯外，使用榫卯的砖石结构也很常见。进入明清两代，由于家具形式的丰富，促使榫卯技术的发展走向高潮。

穿斗式构架

穿斗式构架，产生于卯榫技术出现之后。穿，即透过木构件；斗，即穿过木构件的外出头。

穿斗式的建筑特点是由柱子直接承载檩子。柱子以枨连接，因此也可以称为无梁式结构。这种结构用材较省，但承载力不足，所以穿斗式建筑的屋顶大多较轻。

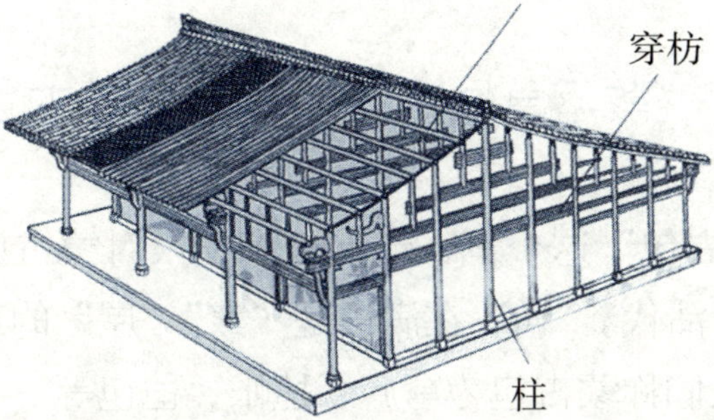

穿斗式结构示意图

斗拱

斗拱是靠榫卯将一组小木构件相互叠压组合而成的构件。斗拱最基本的组成因素有两个，一个是横向和纵向的水平构件——拱；一个是位于拱之间、负责承托连接各层拱的方形构件——斗。

伸出屋顶的屋檐需要用一种构件连接屋檐下的枋子和椽子，这就出现了斗拱。古代工匠用弓形的短木从柱子和梁上伸出，弓木层层挑出，使屋檐得以伸出屋身之外，这种弓形短木称为拱；在两层拱之间用方木块相垫，称为斗，这种用多层拱与斗结合而成的构件就称为斗拱。

8 散落草原上的明珠——蒙古包

“蒙古包”这个词，最初是满族人对蒙古族牧民的称呼，始于清代。“包”在满语是“家”“屋”的意思，在此之前，人们称蒙古包为穹庐、毡帐、毡包等。

蒙古包的形状，呈圆形尖顶，顶上和四周以一至两层厚毡覆盖。普通的蒙古包，顶高10尺~15尺，四围长约50尺左右。

蒙古包近景

蒙古包有大有小，大的可容20多个人休息，小的只能容10多个人。大、小蒙古包，基本结构是一样的。

蒙古包搭盖起来迅速，拆卸容易；装载搬迁轻便。

蒙古包的整体框架是木质结构，它由陶脑、乌尼、哈那、乌德组成。

陶脑指的是蒙古包的天窗。陶脑的大小，决定乌尼的长短、数量。陶脑为圆拱形，如撑开的伞，一般由三个规格有序的圆形木环和四个弧形木梁组合而成，最大的圆木环上，凿有方形插口。

乌尼是连接陶脑和哈那的木杆。木杆长约为陶脑直径的1.5倍，上端较细，下端较粗，上插入陶脑环形的方口，下端穿有孔眼，与哈那的孔眼一致，用皮绳与哈那连接。

哈那是将一根根直径为3厘米的挺直木料用皮绳缝编成菱形网眼的网片，可以伸缩。将若干哈那连接，形成一个圆形栅框，就是蒙古包的墙壁。蒙古包的大小，一般由哈那的多少而定。

乌德是蒙古包的门，它由门框、门槛和门楣组成。门框的高度与哈那高度相等，门朝南或东南方向，可避西北风，同时有以日出东方为吉祥的寓意。

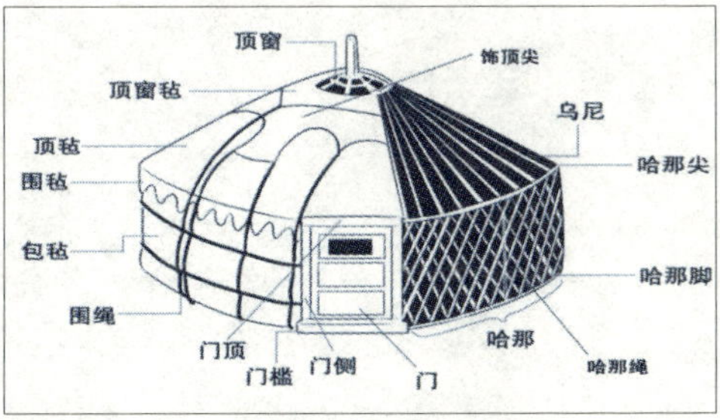

蒙古包结构示意图

蒙古包的烟筒从天窗伸出，以利于排烟。内顶上的中央部分开设天窗采光，室内正面正对天窗设火塘或炉灶，炉前设有灰坑，为炊事和取暖用。炉灶的周围铺有牛皮、毛毡或地毯。

制作蒙古包的主要原料不是木材，而是毛毡。它的内部，有各种物品，这些物品大致有固定的位置。

内部正中央是炉灶，也就是火撑；西北侧是供奉神像和祖先的地方；依次往西南主要摆放男人们放牧狩猎的用具，如马鞍、马鞭、弓箭和猎枪等。

蒙古包内北面放置床桌，东面置放绘有各种图案的竖柜，东南侧置放炊具、奶具等。

从造型上看，蒙古包接近流线型，色泽洁白，整个形体为圆状。

蒙古包分固定式和游动式两种。半农半牧区多建固定式，周围砌土壁墙，上用苇草搭盖；游牧区多为游动式，游动式又分为可拆卸和不可拆卸两种，前者用牲畜驮运，后者以牛车或马车拉运。

9 独具特色的维吾尔族民居

维吾尔族民居一般分前后院，前院为生活起居的主要空间，后院是饲养牲畜和积肥的场地。院子中央有水渠，园内栽植葡萄和果木，还有用土块砌成的拱式小梯，可以通到屋顶，梯下可存物。

维吾尔族建筑

维吾尔族民居以和田、喀什和吐鲁番等地的最具代表性，其民居形式主要有阿以旺、辟希阿以旺、阿克赛乃、土拱房等。

阿以旺式住宅主要分布在沿塔里木盆地沙漠边缘的城镇和农村，它是在庭院的上部架起一个屋顶，屋顶的高度要高于周围房屋的顶部，高出的这一段立面为通透的天窗形式。天窗高度一般在40厘米~80厘米，窗扇用花棂木隔窗、木栅栏或镂空花板做成。阿以旺寓意为明亮的处所。

这种建筑形式，抗风沙能力强，私密性好，居住安逸，但突起的高侧窗在地震发生时不安全，容易倒塌。

大型阿以旺式民居，有两三个以阿以旺厅为中心组成的房屋，整座房屋位于庭院中部。庭院内还有敞厅、敞棚、果园、花园、水池、家庭清真寺等。

维吾尔族居民居住的阿以旺，在和田、喀什、伊犁等地区都有分布，其中以和田阿以旺最具有代表性，最为典型，数量也最多。

辟希阿以旺的形式有点类似汉族民居中的檐廊，不过在深度上要大于檐廊，多在2米以上，最深可达3米多。辟希阿以旺内还设置有土炕，以供人坐用。这种土炕被称为束盖炕，是一种不能加热的实心炕。

阿克赛乃的开敞度介于辟希阿以旺和阿以旺之间，不像阿以旺那样空间封闭，也不像辟希阿以旺那样空间完全敞开。它是近于方形的庭院，庭院四周加盖了一圈屋顶，就像是四个辟希阿以旺围合在一起。因此它更为私密安静，更像是室内空间，舒适度更好。

不同的住宅采用的形式有所不同，一般小型住宅只使用其中的一种形式，而大型住宅则往往综合使用这几种形式。

吐鲁番干旱少雨，当地的土质具有黏结性强、容易脱水成型的特点，这促使当地居民创建了以土为主要材料的土拱房。

土拱房由厚实的土墙和拱券式的屋顶组成，具有极好的隔热性能，恰好适应当地夏季炎热的气候。

每户土拱住宅都有一个大而显著的公共空间，或是加顶的大房间，或是凉棚，或是葡萄架，来作为日常活动之处。

土拱房共有的长廊

维吾尔族民居的建筑装饰，非常美丽，廊檐彩画、砖雕、木刻以及窗棂花饰，多为花草或几何图形；门窗口多为拱形；色彩则以白色和绿色为主调，线条简洁大方而形象优美。

10 朝鲜族民居——廊式民居

我国的朝鲜族人主要分布在吉林省、黑龙江省的东部。朝鲜族民居的院落很大，城镇住宅有简单的院墙，农村通常不建院墙。

民居的类型一般有草房和瓦房两种形式。从屋顶的形式，可分为悬山式、庑殿式、歇山式等；从建筑材料应用上看，有用泥、草、木头建的木楞子房。还有最常见的砖木结构的瓦房等。这些房子的墙都用白灰来粉刷，用瓦盖的房子，瓦片通常都特别大。

朝鲜族民居

住房的平面布局多数为矩形，内部布局分为六间与八间两种形式。

八间房是由左右两个田字组成，左边的田字形是由牛舍、仓库和主间构成，其中牛舍和仓库各占一间，而主间为一大通间。主间兼厨房、餐厅和起居室多种功能，其面积是牛舍和仓库总面积的两倍。右边的田字形是均分的四间卧室，四间卧室的前两间作为祖父母和父母的卧室；后两间则是儿童卧室和女儿卧室或是储藏室。四间卧室之间都有门，互相连通，还有门直接通向屋外。

六间房的模式，卧室为日字形平面，前后两间，前为父母的居所，后面为女儿闺房。门窗为推拉式，门窗口的尺寸相同，都可作为出入口。门窗多为直棂，在内部糊白纸。

朝鲜族民居多用大面积火炕来御寒。炕大，散热面积就大，屋里到了冬天就会显得特别暖和。席炕而坐是他们的习惯。

朝鲜族民居室内一景

苫盖稻草的屋顶也是朝鲜族民居的特色之一。这种民居多出现在吉林省龙井市獐项村。

建造苫盖稻草的屋顶时，通常是先在四面墙壁的中间立根木柱，两面钉薄板或绑扎秫秸，用草泥抹平，然后刷白灰。每扇窗、门两侧依木柱成框，刷蓝色。后面的墙只留一门，不设窗。间壁墙上架柁，柁上搭檩木、铺椽子，再铺秫秸，镘一层黄泥后，就成了屋顶。

长白山地区的朝鲜族房子是井干式民居，多选址于背风向阳的平坦地段。

这种民居屋顶的坡度和缓，中间平行，两头翘立，屋顶呈和缓的曲线和曲面状。屋身平矮，门窗比例窄长，使得平矮的屋身又有高起之势。进门时，必定要有脱鞋的地方，在廊内还可以乘凉、休息，放置杂物。

如今，传统的朝鲜族房屋在城市已不多见，在农村其内部摆设也有所变化。

11 技艺失传的撒拉族篱笆楼

撒拉族主要居住在青海省东部的循化撒拉族自治县，其余分布在与循化相毗邻的化隆县和甘肃省临夏的大河家。由于撒拉族居住地区山峦起伏，缺少平地，人们往往修建二层楼。因楼房墙体大部分用藤条编织而成，所以该民居被称为篱笆楼。

篱笆楼，又称富日干热亥，意思是篱笆编建的楼座，是高原上难得一见的、具有一方民族区域特色的建筑艺术。

撒拉族篱笆楼

撒拉族篱笆楼兴盛于明清时期。

在孟达、旱干两村街道两侧出现了楼楼对峙、高低错落、道深巷齐、形式多样的篱笆楼景观。而孟达村有七大篱笆楼巷区，即上庄巷、台子巷、衙门巷、牦牛巷、长道巷、中场巷、新房巷。

篱笆木楼通常分上、下两层，上层设卧室、客房等，下层房间为仓库、畜圈等。篱笆木楼的楼体框架均由木质良好的松木构成，墙体用杂木枝条编织，两面抹以草泥，墙体中间为镂空，这样既节省建筑材料，又减轻楼体重量，同时，中空的墙体冬暖夏凉、透气性强。

撒拉族人们利用大块河光石、花岗石砌筑墙基、底层墙体和楼檐台阶，再用各种河卵石创制各种花纹图案，用作外观装饰。填制篱笆楼的土料则采用褐色土和黄白土类，掺以草料抹墙和楼顶。编织篱笆主要采用忍冬、红瑞木、野柳、桦类等材料，其中忍冬、红瑞木为佳，主要取自孟达林区。

篱笆楼庭院正门

撒拉族篱笆楼民居的建筑形制大致可分为三合院式、拐角楼、横建楼、楼底通道式、两面坡蝶瓦背砖脊楼、角楼等建筑布局。

撒拉族篱笆楼的楼体建筑十分讲究牢固、美观、适用，体现出了别致独特的组合建筑的艺术风格。

随着时代变迁和农村经济的发展，规模宏大的篱笆楼建筑群经拆建改修，数量锐减，随着积石峡水电站的建设，许多篱笆楼院落又建在水库淹没区，篱笆楼建筑处境危急，濒临绝迹。

12 哈萨克族民居——毡房

哈萨克族长期以来过着逐水草而居的游牧生活，他们和蒙古族一样，房屋是那种可以随时搬迁的流动房屋。民居主要分五大类：毡房建筑、石块建筑、木构建筑、生土建筑和砖木建筑。

毡房是哈萨克族民居最常见的建筑形式，它出现在青铜器时期，是当时的中亚游牧部落的居民创造的。毡房适应春、夏、秋三季逐水草而居的生活，它拆卸、搭建方便，形体简洁，能防风避寒，能隔热遮阳。

山脚下哈萨克族的毡房

哈萨克族的毡房主要由骨架、围墙、房顶、房毡、门5个部分组成：其中毡房的骨架是由柳木做成的圆栅和顶圈构成；围墙用横竖交错相连的柳木栏杆构成，可以自由拆合；圆形顶圈既是屋顶又是窗户，外观与蒙古包相似。白天掀开用来通风透光，夜间遮盖上以防风避寒，房门通常都面朝东南。哈萨克毡房的大小取决于房墙块数的多少，常见的有三种：简易小毡房，4块或6块的中型毡房；8块或10块的大型毡房。其中，4块或6块房墙的毡房在哈萨克牧民的家中最为普遍。

毡房里布置通常这样：中间是火塘；右半部摆放食物、炊具；右上方是床铺；毡墙上有各种图案的挂毯；地上铺着地毯；毡房正上方摆放着箱子；左侧毡墙处放置垫桌，垫桌上放有被褥、枕头。

哈萨克族的毡房群

哈萨克人的毡房不仅是住宿待客的地方，还是从事生产的地方。春天接羔时，毡房是护理病弱羔犊的“医院”；夏季要酿制酸奶，提取奶油，毡房又是牧民们生产乳制品的“车间”。特别是在隆冬时节，尽管外边寒风凛冽，冰天雪地，毡房里却温暖如春，它是抵御暴风雪袭击人畜的

“堡垒”。毡房内还是孩子上学的课堂和娱乐的场所。

哈萨克族牧民除11月至次年的4月住在冬牧场外，一年三季都住在毡房里，而冬牧场的房屋一般建在能避风雪的河谷或山谷之中。

新疆的蒙古包和内蒙古的蒙古包是有区别的。一般讲，蒙古族建造的叫蒙古包；而在新疆哈萨克族游牧民族建造的，名为哈萨克白宫，俗称哈萨克毡房，不叫蒙古包。哈萨克的毡房是有天窗的，而蒙古包是没有天窗的。由于信仰的原因，哈萨克毡房的门一般都向东开，而蒙古包的门一般都向南开。

13 白族民居——粉墙画壁

白族多数居住在云南省境内，而百分之八十以上的都居住在大理白族自治州境内。他们与汉族交往密切，因而传统民居也同样体现了浓郁的汉族特征，而最具代表性的民居是汉风坊院。

白族民居主要有井干式民居、石构土库房和院落式民居三种。

井干式民居是用原木搭建而成的较为简单的民居形式，它从屋顶到墙身再到地板，全部使用木料。木料主要是原木，就是没有经过过多修整的天然木料。井干式民居从平面格局上看，主要有一间、两间和三间等几种，看它的外观，都比较简单。

白族民居——汉风坊院一景

石构土库房是由石头砌筑的房子，是当地人就地取材而建成的一种民居形式。这缘于当地有较多的因河床冲刷下来的卵石。

土库房的平面大多为三间两层房屋形式，底层正中房间为堂屋，其余房间或作为厨房，或作为卧室，或作为杂物堆放间等。

院落式民居在大理白族各民居类型中所占比例最大，所存实例也最多。主要有普通宅院和汉风坊院两种，而其汉风坊院更具特色。

普通宅院是从事农业和手工业的家庭的住宅，属于平民百姓的普通住宅，多为三间两层结构，并已形成了一个固定的形式，称为坊。同时，坊的各个房间的使用功能也是固定的，底层三间，中间为堂屋，两侧次间一个为卧室，一个为厨房；上层空间使用相对自由一些，可以作为储藏间和祭祀间等使用。普通宅院可以根据家庭经济情况进行增改。

汉风坊院是白族当地民居与汉族传统民居相结合产生的一种民居形式，它的基本形式是三坊一照壁和四合五天井，同时也有在这两个基础形式上扩建的形式。其规模有大有小，但同属合院式民居，都以庭院天井为中心组成各座房屋。

白族汉风坊院类民居的入口，都相对较为曲折而富有变化，以保证宅院内部的相对私密与安静。同时，入口又要建造得突出，所以将门楼装饰得非常华美，可以起到较强的标识性作用。

汉风坊院正门

白族崇尚白色，民居的主房一般是坐西向东，这与大理地处由北向南的横断山脉帚形山系形成的山谷坝子的地形有关。依山傍水，只能坐西向东。其次，北京四合院的住房大多是一层的平房，而白族民居基本上是两层。

白族民居都离不开精美的雕刻、绘画装饰。木雕多用于建筑物的格子门、横披、板裾、耍头、吊柱等部分。

粉墙画壁也是白族建筑装饰的一大特色。

14 哈尼族民居——蘑菇房

蘑菇房，顾名思义，就是住房形状如蘑菇，它是云南省红河州元阳县哈尼族典型民居建筑的昵称。

哈尼族民居——蘑菇房

蘑菇房由土基墙、竹木架和茅草顶构成，这和当地的自然环境有关。元阳县哈尼人主要居住在向阳的山腰，因此会依傍山势建立村寨。

典型的蘑菇房内一般都建有地楼，楼高一尺多些，地楼上设有一个火塘，火终年不灭。火塘上方悬挂着一块竹篱，竹篱是用于烘烤粮食和存放易潮物品的。

屋顶筑一土楼，用于储藏粮食，堆放杂物。此外，土楼的功用，在于防火。若遇火灾，即便烧毁了草顶，土楼仍然完好。

蘑菇房的优点是，能取暖、御寒，也能防火，还能纳凉。

哈尼人住的地方，空气湿度高，气候温凉。他们的住房一般比较低矮，门窗较小，用泥巴保墙或以土坯抹墙角，用茅草盖顶。

房屋建筑以土石为主要墙体材料，屋顶有平顶的“土掌房”和双斜面四斜面的茅草房之分。平顶房既可以防火，又便于屋顶上晒粮，空间不浪费。

蘑菇房屋分为三层，山区湿气严重，底层不住人，只用于拴牛马、堆放农具等。中层住人，用木板铺设，隔成左、中、右三间。中间设有一个常年烟火不断的方形火塘，火塘边有灶台，用于做饭。靠墙隔出数室，一般为房主夫妇及幼儿居住。顶层则用泥土覆盖，堆放粮食及贮藏食物。蘑菇形房顶使其具有良好的通风效果，粮食及其他物品不易受潮，宜于保存。

哈尼族在新房建好后，还有“贺新房”的仪式，即请寨子里一位德高望重的长者，拿着一个鸡蛋和一些糯米包先登上楼，然后是一群端着三脚架和锅碗盆筷的年轻人，进入楼室，再由长者将三脚架支在火塘上，架柴烧火，火塘就永远燃烧下去。这就是家人生命、幸运和富足的象征。

因此，哈尼人有“谁不会盖蘑菇房，谁就不是真正的哈尼人”之说，显然他们视蘑菇房为一种骄傲。

哈尼族民居——蘑菇房

哈尼人迁徙到哪里，蘑菇房就盖到哪里，遍布哈尼山乡，经过长期的发展与改进，如今的蘑菇房既有传统特色又日臻完善，与巍峨的山峰、迷人的云海、多姿的梯田，构成了一幅奇妙的哀牢山美景。

蘑菇房玲珑美观，独具一格。即使是寒冷的冬天，屋里也是暖融融的；而炎热的夏天，屋里却十分凉爽。最典型的蘑菇房在哈尼族最大的村寨红河州元阳县麻栗寨。

据悉，蘑菇房民居在美国俄亥俄州辛辛那提市也有，是建筑设计师特里·布朗的家兼工作室，同时也是辛辛那提市最主要的地标和著名住宅。

15 黎族民居——船形屋

黎族是居住在海南岛五指山区的一个少数民族，他们同一血缘的人多聚居在一个村寨里。村寨周围都种有槟榔、椰子、大树菠萝和木瓜等树木。民居就坐落在这些丛林之中。

黎族船形屋是黎族民居建筑的一种，流行于海南的黎族聚居区。

在我国南边的海南岛上，有些人以船为家。不是说他们住在船上，而是说他们的房屋，呈船的形状。这就是黎族人有名的船形屋。

黎族民居——船形屋

黎族的房屋建造从古至今，大致经历了橄榄式船形屋、高角船形屋、低角船形屋、金字屋和砖瓦房五种。

从低角船形屋到金字屋是黎族房屋史上的一次革命，而从低角船形屋到现代的砖瓦房则是黎族汉化的表现。

黎族的船形屋具体是什么样子呢？它是一种以竹木为架，茅草为盖，底下架空、上部住人的房屋。船形屋属于干栏式建筑，建筑的外墙与屋顶不分，统一构成半圆形的桶状茅草盖，形状如船篷。前后有站，四周没有窗户。门外设有船头，上下用小梯子。有的干栏屋低矮，它的半圆形的茅顶边缘可以垂到地面，更像一个扣在地上的船篷，被人们称之为船形屋。

传统的黎族船形屋一般是由前廊和居室两部分组成，居室后面附有杂物间，或在前廊一侧另盖小房一间，其材质主要用竹木搭建而成。

船形屋群

随着汉族迁徙海南和生产力的提高，黎族的船形屋逐渐发生了变化。由高架变为低架，屋盖斜伸到地。

文献记载："黎人住民，一栋两檐。邻汉人处，则于檐下开门，且编木为墙，涂以泥，如船篷。"它是说后屋盖起了变化，采用人字顶，茅屋升高。海南天气热，人们喜欢户外活动，所以在房屋前后爱建廊子。它既是副业生产场所，又可作为晚间乘凉的地方。

黎族人民喜爱牛、崇敬牛，他们在家的屋门上常会悬挂牛头和牛角。

一旦跟随自己十几年的牛死后，他们会把牛的额骨、牛角留下，悬挂在自家门口。牛角是成对搭配的，一头公牛、一头母牛，母牛角置于公牛角的上边。黎族人以这种方式表达对牛的怀念和喜爱，同时也象征着主人要像牛一样勤劳与不畏艰辛。

我们知道的威尼斯、曼谷、香港、神户等地，都有类似的民居形式。水上游动的家是指居民生活居住在船上，如我国扬子江上的各式帆船渔家，香港的水上人家等。

16 纳西族民居——三坊一照壁

纳西族主要分布在我国云南丽江纳西族自治县境内，民居主要集中在丽江古城及其周围的地区，因而还被称为丽江纳西族民居。

纳西族传统民居的主要类型有：三坊一照壁、四合五天井、前后院等。

三坊一照壁：正房一坊，左右厢房二坊，加上正房对面的一照壁合围成一个三合院。它是丽江纳西民居中最基本、最常见的民居形式。

井干式民居

正房较高，方向朝南，面对照壁，两侧配房略低，再加一照壁，看上去主次分明，布局协调。

正房一坊朝南，主要供老人居住；东、西厢房二坊由年轻人居住。正房的两侧各有漏角屋两间，也是二层。但进深与高度都比正房稍小，前面形成一个小天井或一线天，以利于采光、通风及排水。

四合五天井：一个封闭的四合院，由正房、下房、左右厢房四坊的房屋组成。除中间一个大天井外，四角还有四个小天井或漏角。

四合五天井与三坊一照壁不同点在于，去掉了正房面对的照壁而代之以三间下房的一坊，围成一个封闭的四合院，同时在下坊两侧又增加了两个漏角的小天井，故名为四合五天井。

四坊多为三间二层，但正房一坊的进深与高度都大于其他各坊，地坪也略高，多朝向东或南。在四个漏角小天井中必有一个用于大门入口，设门楼，亦多朝向东或南。

前后院：在正房的中轴线上分别用前后两个大天井来组织平面，前院为辅院，常为三坊一照壁或两坊与院墙围成的小花园；后院为正院，通常用四合五天井平面组成；两院之间可穿通的房叫花厅。

一进两院：在正房一院的左或右侧设另一个附院，形成两条纵轴线。正、附院的组成与前后院相同，一进两院不同于前后院的是两院不是前后排列而是左右并行。

木楞房也是纳西族传统民居。它以圆木为材料，平齐长度，两端砍出接口，首尾相嵌，构成四面墙体。然后再架起檩条，铺上木片瓦，压上石块，在墙体圆木间的缝隙抹上牛粪或泥，以避风寒。

整个木楞房为全木结构，不用一颗钉子，也不用砖瓦。外形更不加任何装饰，显得古朴、粗犷。房屋一般为三坊一照壁，分正房，经堂或厢房、宿舍楼（也叫花楼）和门楼（也称草楼）。

纳西民居正门

纳西民居是以木结构为主的土、石、砖、木混合构造体系。因构造种类众多，房屋造型多样。

此外，纳西民居中最显著的一个特点是，不论城乡，每家房前都有宽大的厦子（即外廊），这与丽江的宜人气候分不开。

因而，纳西族人民把一部分房间的功能，如吃饭、会客等搬到了厦子里。

17 布依族民居——石头房

布依族绝大部分居住在贵州，他们是依山傍水聚族而居，是中国西南地区的一个古老民族。他们居住的房屋有石板房、茅草房、夯土房、吊脚楼。

贵州流行的八大怪之一就是布依族的“石头当瓦盖”。这种独特的建筑形式一般是以木为架，石头为墙，石片为瓦，冬暖夏凉，隔热驱湿，不怕火灾。

布依族民居——石头房

我们看到的石板房，似乎全是石头材料，但里面的真正构架还是木质材料。石板房的上层住人，下圈牲畜；有的修成半边楼，前半部为楼房，后半部为平房，仍是下层圈牲畜，其余部分住人。

布依族先民的房屋一般是一开三间，中间是堂屋，两边是卧房。按左大右小排序，左边住老人，右边住年轻人。右边床前不远处一般设有火塘，用于冬天取暖、烤茶、聊天、家庭议事。

他们不在正屋的火塘煮饭、炒菜，而在靠正房的旁边搭一偏屋作为厨房，在正房的墙上凿一个四方形洞口，用于传递酒饭、碗筷，极为方便。

中堂是布依族敬奉祖先的地方。

他们建造房屋有很多讲究，首先要请阴阳先生看“风水”，选择依山傍水处作为宅基地，不仅要背靠青山，而且要面朝碧峰。靠山处也有要求，最好是“卧狮拱卫”“青龙环护”等山势；向山要选“双龙戏珠”“万马归槽”“寿星高照”等形态。好在布依族地区多为石灰岩山地，选起来并不难。

还有，起房造屋也要选吉日，选好前的一个月，请木匠破料做房架。竖房架的吉日要供祭鲁班师傅。

依山而建的石头房民居

布依族吊脚楼民居分布在贵州南盘江流域。楼下圈牲口、堆杂物，楼上住人。黄果树瀑布一带的布依族人利用当地丰富的薄石材，在干栏式建筑的基础上改建石板房，除檩条和椽子外，整座房屋全用石板建成。

镇宁布依族苗族自治县县政府所在地城关镇，绝大多数房屋都是石头建造，三四层的石楼就有几十栋。由于石料是浅灰白色，加工后更显晶洁，所以白天看镇宁，银光闪烁，月夜看镇宁，凝霜盖雪。为此，古有“银色镇宁”之美誉。

处于黄果树瀑布上游的镇宁县扁担山石头寨，就是一个著名的石头王国，这里以石为墙，以石为廊，以石为柱，以石为瓦。石屋层层叠叠，沿着山坡自下而上，布局井然有序。石屋房门朝向一致，排排并列。

全寨石屋久经风雨，变得洁白如银，自然好看。

18 江南民居第一家——东阳卢宅

东阳卢宅，全称卢宅明清古建筑群，号称“江南民居第一家”，坐落于浙江省东阳市东郊卢宅村，建造至今有540多年，属世界百大濒临危险的文化遗址之一。

东阳卢宅一景

东阳卢宅建筑群占地500多亩，整个建筑群三面环水，南对着笔架山。卢氏大宗祠是建筑群的中心，其他建筑以复荆堂、肃雍堂、树德堂三条轴线修筑，呈拱月之势。

东阳卢宅是国内现存的唯一一座拥有九进纵深、面阔五间的古民宅，其空间序列与北京故宫如出一辙，还被称为“民间故宫”。

东阳卢宅鸟瞰图

长500米的卢宅老街和东西两条雅溪是卢宅的交通干道。40多处园林、书院、寺观和26座牌坊点缀其间。

进入卢宅前，有风纪世家、大方伯、旌表贞节三座牌坊迎接，然后要走过非常宽阔的甬道，才能看到卢宅的真面目。

肃雍堂轴线是主体建筑。现存自明景泰至民国初的建筑20余座，集中于肃雍堂轴线两侧。肃雍堂轴线前后九进，依次是捷报门、国光门、肃雍堂大厅、肃雍正堂、乐寿堂、世雍门楼、世雍堂、中堂、后楼。厅堂宅第，严谨规整，左右对称。

肃雍堂是卢氏大族的公共厅堂，面阔三间，带左右挟屋。肃雍堂内的花灯，起自明代，盛于清代。其中现存的一盏大堂灯尤为华丽典雅，宝盖下，中间用羊皮、料丝、羊角3盏大灯上下相接，外围垂6串24盏羊角小灯和珠篮灯。这架大堂灯高4.5米，重255斤，用了40万颗彩色玻璃珠穿就，已载入世界吉尼斯纪录。

商周到明清的通规是："庶民庐舍不过三间五架，不许用斗拱、饰彩绘。"但东阳民居基本不受此约束，虽以三间为基本单元，但都根据本地的气候条件，做了应对处理。

大型建筑很多，十分普遍的"13间头""24间头"都是"三间头"的变形组合，都是巧妙应对的成果，而且5架平房很少，基本都是7架的楼房，更有9架、11架，进深达3丈~3.6丈。

东阳民居的格局是前堂后寝。前堂是卢家的公共厅堂，供族内子孙举行祭祀、聚会、吉庆、议事、教习等活动。后面则是家眷、仆人的生活起居空间。平时关着，外人不得入内。

东阳民居的墨画较普遍，华丽的清水木雕尤为普及，以精致的木雕、砖雕、石雕代替彩绘是东阳民居的特色。

19 天津第一家——石家大院

许多深宅大院之类的建筑都有自己独特的地方，大院的主人、宅第的拥有者，他们多是当年的富豪，他们可以随自己的心愿来建造居室。

中国北方最大的民宅——有“天津第一家”之称的石家大院，自然也是富豪宅第。石家大院又称尊美堂，有“华北第一宅”的美誉。

石家大院正门

石家的先人原籍山东，清雍正年间，来到天津一带操船营运。最初在杨柳青落户的叫石衷，他的儿子石万程，善于经营，慢慢把家业丰盈起来。主要以贩运粮食为业，赚钱后，广置田产，开始成了杨柳青的首富。

石家大院始建于光绪元年（1875年），已有140多年的历史。石家除拥有大量土地外，还经营当铺、银号、灰石、酱园、棉布庄。据悉仅当铺一项就有十几处，在杨柳青镇盖起的青砖大瓦房就有500多间，形成5万多平方米的建筑群。

清初，石万程已拥有4万多亩土地，绰号“石万顷”。到了石万程之子石献廷时，石家人丁开始兴旺。石献廷就把石家财产分给4个儿子，各立堂门。最有名的石家大院是其四子的堂门——尊美堂，有“津西第一家”的美称。

石家大院占地6000多平方米，院落15进，房屋278间，耗资几十万两白银，历时3年建成。

整个大院气势恢宏，60米长的大甬道的两侧共有四合套式12个院落。所有院落都是正偏布局，四合套成，院中有院，院中跨院，院中套院。从寝室、客厅、花厅、戏楼、佛堂到马厩，无论是通体格局、建筑风格，还是艺术装饰，都反映了清末民初的文化遗存和当时的民俗民风。

与花厅一墙之隔的戏楼，是北方最大的民宅戏楼。

整个戏楼的特点是冬暖夏凉，音质好。戏楼设有穿墙烟道，可把楼内烘烤得温暖如春。夏季，方砖青石坚硬清凉，东西两侧开有侧门，能使空气形成对流，十分凉爽。北高南低回声不撞，北面隔窗门能放音，拢音效果极佳。戏楼不用扩音器，在角落里仍可听得清晰。

石家大院建筑上也有特色，三道垂花门，因其垂柱根据荷花的三个花期雕刻成三种不同形态的图案，分别取名为：含苞欲放、花蕊吐絮、籽满蓬莲。

石家大院院内一景

石家大院内宅院落的房屋，均采用地炉设施取暖。它是仿照故宫里的采暖系统而建。

1900年八国联军入侵时，石元仕带头出资在家乡办支应局，使地方免除许多祸乱，因而得到清政府赏识，从而确立了他集地主、官僚、资本家于一身的社会地位。

现已开辟为杨柳青博物馆的石家大院中收藏着大量闻名中外的杨柳青木版年画、历代杰作和具有中国古建筑特色的天津砖雕（俗称刻砖）。

1919年后，石家大院开始衰落。

20 民宅看乔家——乔家大院

乔家大院被称为北方民居建筑的一颗明珠，位于山西祁县乔家堡村，是清代著名商业金融资本家乔致庸的宅第。

乔家始祖乔贵发，独闯关外，在包头干了30多年，由小商贩成长为创下“复盛公”等商业字号、富甲一方的巨商大贾。

在清光绪年间，乔家又经营票号，在全国20多处码头，都有他们的分号，号称“汇通天下”，并成为全国票号的佼佼者，从而达到商业辉煌的高峰。

乔家大院一景

清乾隆二十年（1755年），乔家大院两次扩建。1931年左右，由乔映霞、乔映奎分别完成了最后一次增修。

乔家大院（在中堂）占地8724.8平方米，建筑面积3870平方米，分为6个大院，内套20个小院，313间房屋。院落呈双“喜”字造型。各院房顶上有走道相通，用于巡更护院，显示了中国北方封建大家庭的居住格调。

乔家大院三面临街，进入乔家大院大门是一条长80米、笔直的石铺甬道，把6个大院分为南北两排，甬道两侧靠墙有护坡。西尽头处是乔家祠堂，与大门遥相对应。大院有主楼4座，门楼、更楼、眺阁共6座。

大院的外围是封闭的砖墙，高10米有余。上层是女墙式的垛口，还有更楼。大门坐西朝东，上有高大的顶楼，中间是门洞式的门道，大门对面是砖雕“百寿图”照壁。北面三个大院，都是芜廊出檐大门，暗椽暗柱。所有院落都是正偏结构，正院主人居住，偏院则是客房、佣人住室及灶房。

进院甬道把6个大院分为南北两排，北面3个大院均为开间暗椽柱式的走廊出檐大门，便于车、轿出入。大门外侧有拴马柱和上马石。

从东往西数，一、二院为三进五的连环套院，是祁县一带典型的里五外三穿心楼院，里外有穿心过厅相连。里院北面为主房，二层楼，和外院门道楼相对应，宏伟壮观。从进正院门到上面正房，需连登三次台阶。

光绪朝中晚期，乔家的景仪、景俨为了安全起见，花重金买下了当时街巷的使用权。然后把小巷建成西北院和西南院的侧院；东面修建了大门，西面建了祠堂；北面两座楼院外又扩建成两个外跨院，新建两个芜廊大门。并以拱形大门顶为过桥，把南北院互相连接起来，形成城堡式的建筑群。

乔家大院主院

著名建筑专家郑孝燮说："北京有故宫，西安有兵马俑，祁县有民宅千处。"祁县的民居，集宋、元、明、清之法式，汇江南河北之大成，其中最为出名的就是乔家大院。因此素有"皇家有故宫，民宅看乔家"之说。

21 晋商三蒂莲之一——李家大院

李家大院与乔家大院、王家大院并称为“晋商三蒂莲”，素有“乔家看名，王家看院，李家看善”之说。李家大院位于山西运城市万荣县闫景村，原有院落20组，现存院落11组，另有祠堂、花园等。

李家大院一景

李家大院建于清道光年间，内部“百善壁”上用不同字体书写着365个“善”字，意在要求自己及后代人天天行善，日日行善，永远行善。主宅院大门两旁镌刻着《朱子家训》：“一粥一饭，当思来处不易；半丝半缕，恒念物力维艰”的节俭警句。

李家大院整个建筑多为二进、三进四合院格局，但又不局限于四合院。建筑风格以晋南地区汉族传统民居建筑为基础，但又吸纳了徽式建筑风格，部分院落建筑采用了日式推拉门和欧洲哥特式风格，因而整体建筑风格古朴典雅，体现了南北融汇、中西合璧的建筑理念，有着极高的文化价值、艺术价值。

传统的四合院藏风聚气，精致的大宅门接地通天。李家大院建筑的砖雕、石雕、木雕及铁艺等饰品，有晋南地区汉族民间多子多福、三星高照、五福临门、松鹤延年、耕读传家等吉祥含义，体现出晋南的汉族民俗、民风和文化特点。

竖井式聚财的山西四合院

三雕中的石雕多饰于房屋基础部分，主要是柱础石，此外，还有夹门石和门狮等。木雕装饰品主要分布在房屋的结构部分，如梁枋、檩条、瓜柱、斗拱等主要构架和撑木、挑头、梁垫、雀落等构件以及构成外廊空间的天花、桶扇、门窗上的木雕。砖雕主要饰于木结构门庭外的八字或一字影壁上以及仿木结构的垂花门罩、檐椽、额枋、斗拱、牌匾、下垂的莲柱等处。院里的砖雕一般分布在墀头、山墙、屋墙、院墙、花墙等处。其精湛的雕刻技艺和不朽的艺术价值，充分体现了古代汉族劳动人民的卓越才能和艺术创造力。

清光绪年间，李家曾出资放赈舍饭，救活百姓无数。李家捐助重金重修万泉书院；孤峰山发大水时，李家伸手相助，不让百姓受饥饿。1916年12月，闫景村全体村民为李敬伦赠“为善有方，世人标的”匾。

中国民居建筑有“北在山西，南在安徽”之说。这里流传着一个白手起家、诚信经商、富甲一方、善行天下的晋商故事。

22 民间看曹家——曹家大院

曹家大院是明清晋商巨富曹氏家族的一座宅院，又称三多堂，位于山西省太谷县北洸村。

曹家大院——三多堂

曹家大院外观雄伟高大，形似城堡，独立村北，与四周低矮的民房形成鲜明的对照。

曹家鼎盛时期，在大江南北都有铺面，多达640余座，资产高达1200万白银，雇员有37000多人，国外都有店铺，当时有“凡是有麻雀飞过的地方，都有曹家的商号”的说法。

曹家始祖曹邦彦在明洪武年间举家迁移到太谷北洸村，以卖砂锅为生，兼以耕作。后代曹三喜独闯关东成功，扩大了祖业。

曹家在北洸村建起的宅院布局庞大、富丽堂皇，以“福”“禄”“寿”“禧”字形建造的四座大院最具代表性。“寿”字形大院分南北两部分，东西并排着3个穿堂大院，上面连接着3座3层高楼，内套15个小院，现存房舍270多间。

三多堂是曹家第十九代人所创建。三多是取多子、多福、多寿之意，与之并列的还有五桂堂、怀义堂、福善堂。其他几个堂在过了鼎盛时期之后就相继衰落下来，唯有三多堂独秀其门，仍保持着旺盛的势头。因此称三多堂是曹氏商业的杰出代表。

曹家大院的地板砖用的是方砖（俗称金刚砖），房梁角落用金粉描绘着工笔画。一条甬道分开的南北院宅，北面为多子、多福、多寿院排列，老人居东、主人居中、子孙居西，寓意为福如东海和寿比南山。一条西高东低的甬道，宅中人迈出大门必朝西行，人往高处走。北面3座主楼是曹家大院的精华，楼上分别建有3座以猪、牛、羊三牲为造型的榭亭。主楼楼顶位于三多堂“寿”字形的顶头一笔，登楼之人就是站在“寿”字最上头了。

三多堂于1999年被辟为博物馆，有曹家经商史、明清古旧家具、瓷器、珍宝4个展馆，12个内容，数千件文物。曹家经商史展馆讲述了曹家的发家史。

三多堂博物馆

明清古旧家具展，陈列有400多件明清家具，有用92块天然花纹大理石镶成的百寿大屏风，又有寸斤寸金的红木半圆桌、立体造化的大理石座镜以及数百件明清家具。

瓷器馆陈列有掸瓶、罐、碟、碗、盘等大大小小近2000件瓷器。

珍宝馆展出的清宫金火车头钟系法国给清政府的贡品。另有明代大画家仇瑛临摹北宋张择端的《清明上河图》。

23 潮汕民居——许驸马府

潮汕民居，曾被当地的官员陈尧佐概括为“鱼鳞鸟翼”。它的建筑特点是，屋脊中间微凹，两端的屋角翘起。

广东潮汕现存最早的府第式民居是许驸马府。许珏娶了宋英宗的曾孙女德安郡主为妻，所以民间称其居所为驸马府。它是国内目前保存较为完整的宋代建筑之一。

驸马府正门

整个府第坐北朝南偏东，占地2450平方米，面宽41.8米，进深48.2米，主体建筑为三进五间，前座有抱厅、风头房及花巷。巷头门兼作日常出入的小门。大门旁有中门，旁为熟房，构成“工”字形格局。

大门楼居中，两旁为厝巷。大门簪为木质圆木柱，全宅木屋架构为类似于穿斗的穿插屋架，并立于条状连续的石地梁上。墙体为板筑夯灰和青砖条浆砌，正厅东侧的墙壁仍保留桃红色的竹匾灰壁。

驸马府的屋顶出檐平缓且呈弧形弯曲，翼角起翘，二层的蝴蝶瓦（底瓦凹面朝上，上再交叠凹面朝下的瓦片）上刻着古朴的莲纹图案，高高的门槛，紧密的窗棂，竹编的灰墙以及雕饰简单的梁柱等都各有特色。

三进的院落，五间过道的开间，既有从厝，又有后包（仅供下人居住）的以中庭为中心的主次分明的建筑，却是“源于古老的地主庄院，以后因当地根深蒂固的宗族制，使其演变为带护厝与后包的形式”，是现存潮州府第式民居的最早形制。

这种平面组成是以一座或数座简单的三（或四）合院民居为核心体，两旁有一列或数列从厝，后面有的加一行或两行后包，有些在前面有阳埕、倒座、埕头屋，被称为府第式抑或从厝式，其平面组合的变化类型以潮汕地区最为丰富。这种合院组织形式的特点为线性排列的从厝用房；从厝厅的轴线指向核心体；几列从厝用房形成对核心体的围合。

从宋许驸马府开始，这种带护厝的府第式民居逐渐在潮汕流行开来。从宋元到明清，这种格局已经趋近于成熟，此后一直很稳定地延续下来。

驸马府院内

这座建于宋朝的建筑，已有八百多年的历史。近年来，潮州市政府拨款维修许驸马府，以恢复府第原貌，并将其辟为民俗博物馆。

24 皇家宫殿——紫禁城

紫禁城，即北京故宫，是明清两朝的皇宫，又是规模最大、形态最为复杂的四合院群体，有大小宫殿70多座，房屋9000多间。

故宫筹建于明成祖永乐五年（1407年），兴建于永乐十五年至永乐十八年。整个营造工程由侯爵陈圭督造，规划师吴中具体负责。这里居住过明代14位皇帝和清代10位皇帝。

紫禁城是一座长方形的城池，南北长961米，东西宽753米，占地面积约72万平方米。四周有高10米多的城墙，城墙的外沿周长为3428米。城墙外有宽52米的护城河。

北京故宫博物院

紫禁城是封建帝王执政和生活的地方。其作用首先是办理政务，它是举行各种礼仪和处理日常政务的殿堂、衙署、官府；其次是生活起居，它是包括皇帝、皇后、众多的皇妃、皇子和太祖、太后等人生活、休息的寝宫，其中还有园林、戏台等；再次是供皇帝及其家族进行宗教、祭祀活动与念书习武的场所，如佛堂、斋宫、藏书阁、射骑场等。另外，还有为以上各项内容服务的设施，包括膳房、作坊、禁上房、库房以及庞大服务人员的生活用房。

明朝的紫禁城属于前朝部分的主要有太和、中和、保和三大殿，它们是皇帝在重大礼仪和节日召见朝廷文武百官、举行盛大典礼的地方。后寝部分处于中轴线上的乾清、交泰、坤宁三座宫，它们是皇帝、皇后生活起居和处理日常公务及举行内朝小礼仪的场所。三宫的两边有供太后、太妃居住的西六宫；供皇妃居住的东六宫和供皇太子居住的东西六所；供宗教与祭祀用的一些殿堂，供皇帝休息、游乐的御花园以及大量服务性建筑都按照它们不同的功能和性质分别组成一个又一个院落，前后左右并列在一起，相互之间既有分隔，又有甬道相连，组成庞大规模的皇宫建筑群。

午门是整座宫城的大门，位于紫禁城的最南面。每遇宣读皇帝圣旨，颁布年历书，文武百官都要齐集午门前广场听旨。午门并不是电视剧中演的斩人犯的地方。

紫禁城的后门为神武门，位于中轴线之北。

神武门用的是最高等级的重檐庑殿式屋顶，但它的大殿只有五开间加周围廊，也没有左右向前伸展的两翼，所以在形制上要比午门低一等级。午门的北面是紫禁城前朝部分的太和门。明清两朝的帝王平日下诏颁令时常在太和门内接见文武百官。

从午门进紫禁城，首先来到一个横向的广场，在广场的中间，横列着一条被称为金水河的小河，河道弯曲如带，也被称为玉带河。玉带河不仅有风水作用，也有排泄雨水、供水灭火的功能。

坐落在广场之北的太和殿是宫城最重要的一座殿堂，皇帝登基、完婚、寿诞，每逢重大节日接受百官朝贺和赐宴都要在这里举行隆重的礼仪。它是中国留存的古建筑中，开间最多、进深最大、屋顶最高的一座大殿。

北京故宫博物院一景

永乐十八年（1420年），紫禁城建成完工。先人给我们留下了一座完整、庞大的紫禁城。

25 我国第一本园林艺术理论专著——《园冶》

《园冶》是我国第一本园林艺术理论专著，日本宫廷评价它为“开天工之作”，欧美国家奉它为“生态文明圣典”。这本讲述中国古代私家庭院和别墅营造的百科全书，是明代的计成所著。

中国古代园林的建造到了明清时，达到鼎盛。

在长期的造园实践中，造就了一批从事造园的专家，计成就是其中之一。

计成是江苏吴江人，生于明万历十年。他主持建造了3处当时著名的园林——常州吴玄的东帝园、仪征汪士衡的嘉园和扬州郑元勋的影园。

明崇祯七年，他写了一本造园专著，这本书叫《园冶》，共有三卷。

在卷一的《兴造论》中，计成提出：“园林巧于因借，精在体宜。”所谓“因”是随地基之高低，察地形之端正，应用原有的树木、水流，看适宜建亭处则建亭，适宜造榭处则造榭。所谓“借”就是借景，园林虽然分内外，但取景没有远近限制。

在《园说》中，计成提出造园不论在城市或乡村，选地、堆山、挖池、开路、建房、造墙、种植花木，都要达到“虽由人作，宛自天开”。

开卷第一篇即为《相地》，这说明造园首先要选地。他分析山林、城市、村庄、郊野、傍宅和江湖的不同特点，提出了在这些地段造园的主张。

卷二为《栏杆》，主张园林的栏杆应信手而成，以简便为雅。卷三共有六篇，分别为门窗、墙垣、铺地、掇山、选石、借景。

这本书中配有园林建筑的插图共235张。

计成所处的时代，是封建社会的后期。《园冶》表述的内容更适合封建士大夫阶层，这个阶层的主要特点是以闲情逸致的生活为主。如讲“幽”“雅”“闲”的意境营造出的天然之趣，是园林设计者的技巧和修养的体现。

亭廊园门

造园要求创作者能反映出自然，又高于自然的状态。尽可能做到使远近、高低、大小互相制约，达到有机的统一，体现出大地的多姿。

总之，一切从实际的地势、植物条件出发，充分利用已有的环境条件，精心去设计、经营，创造出来的园林环境，会达到虽由人作却宛自天开的效果。

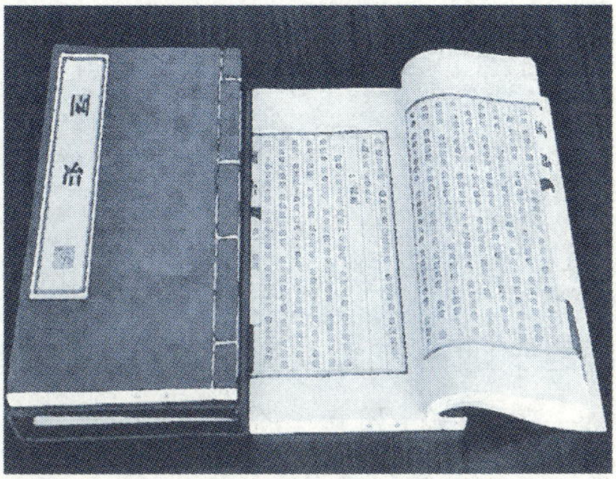

《园冶》书影

这本书的缺点是：一是树木花草讲得少，园林绿化是造园极为重要的方面，是园林的生命所在，没有树木花草，也就没有园林。二是水，没有园林的生命所系的水，同样不能称其为园林，而书中没有讲到“理水”。

虽然从造园学的全面内容来看，该书有局限性，但它仍不失为一本很有价值的关于中国造园学的教科书。

26 中国古代最完整的建筑图书——《营造法式》

《营造法式》是宋代李诫在喻皓所著的《木经》基础上编成的，它是中国古代最完整的建筑技术书籍，也是北宋官方颁布的一部建筑设计、施工的规范书。

北宋官方之所以颁布这样的书，与当时的政治经济现状有关：北宋建国后，全国各地大兴土木，宫殿、衙署、庙宇、园囿的建造此起彼伏。负责工程的大小官吏利用手中的职权，大肆贪污。皇帝为杜绝贪污盗窃之风，决定在建筑房屋和园林等方面制定某些标准并实施相关策略。于是在元祐六年（1091年）官署编成了《营造法式》一书，并由皇帝下诏颁行。历史上称此书为《元祐法式》。

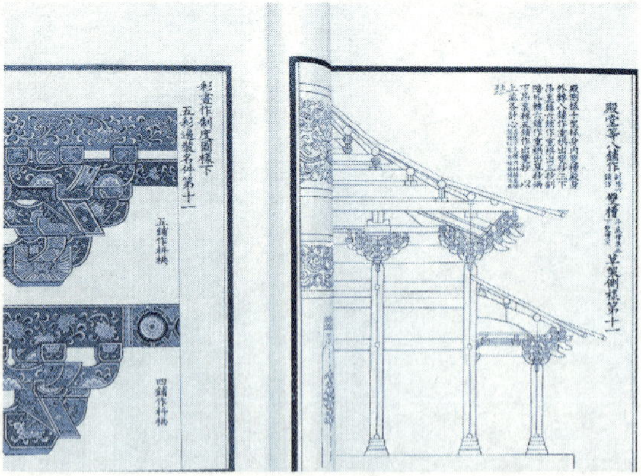

《营造法式》书影

《元祐法式》颁布后，人们在实践中发现许多问题：书中没有规定模数规制，也就是“材”的用法，不能对构建比例、用料做出严格的规定，建筑设计、施工仍没有受到控制和制约，仍然有很大的随意性。

绍圣四年（1097年），北宋皇帝下诏李诫重新编修。

李诫是北宋著名的建筑学家，博学多能，精书法，善绘画，喜著书。他凭借10余年来修建工程的丰富经验，参阅大量文献和旧有的规章制度，收集工匠讲述的各工种操作规程、技术要领及各种建筑物构件的形制、加工方法，终于编成流传至今的这本《营造法式》，于崇宁二年（1103年）刊行全国。

该书36卷，357篇，3555条，是当时建筑设计与施工经验的集合与总结，标志着中国古代建筑技术达到了较高水平，对后世产生了深远影响。

该书前16卷讲各种用料的用途和制作的制度，如何确定劳动定额及运输、加工等所耗时间，并对于编造预算、施工组织都有严格规定。第16—25卷规定各工种在各种制度下的构件劳动定额和计算方法。第26—28卷规定各工种的用料定额和所应达到的质量。第29—34卷规定各工种、做法的平面图、断面图、构件详图及各种雕饰与彩画图案。各种制度虽都有严格规定，但并没有限制建筑的群组布局和尺度控制。可根据具体项目情况，在规定的条例下“随宜加减”。

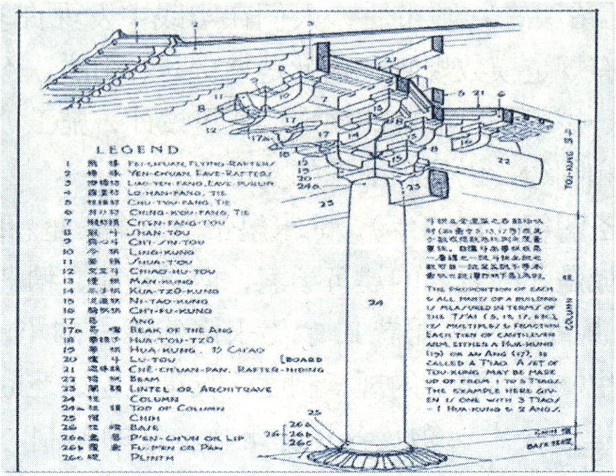

《营造法式》书中的图解

《营造法式》的现代意义在于它揭示了北宋统治者的宫殿、寺庙、官署、府第等木构建筑所使用的方法，使我们能在实物遗存较少的情况下，对当时的建筑有非常详细的了解，填补了中国古代建筑发展过程中的某些空白。

《营造法式》一书的体例和内容近乎建筑规范，它的刊行有助于控制官式建筑的用料与用工，以节制政府的财政开支。

27 造园家——戈裕良

清代出现了专门以造园为生的造园家，其中戈裕良是最突出的代表。

戈裕良善于学习，刻苦钻研，将绘画艺术与园林设计结合起来，他堆筑的假山，不需借助于牵罗攀藤掩饰点缀却逼肖真山，人称花园子。

戈裕良设计的假山

乾嘉年间，经济繁荣，江南官宦商贾纷纷置屋造园，戈裕良为各地争聘，得以大显身手。

据记载，他参与的建筑主要有常州洪亮吉的西圃，苏州虎丘的隐啸园，扬州意园的小盘谷，如皋汪为霖的文园、绿净园，苏州孙均的环秀山庄，南京孙星衍的五松园、五亩园，仪征巴光诰的朴园，常熟燕园的燕谷。

戈裕良精通叠山理水，曾创“钩带法”，能在极有限的空间内，用少量之石，造出势若天成的崖峦耸翠、深山幽壑，而不露“假”的痕迹。清代学者洪亮吉赞其“奇石胸中百万堆，时时出手见心裁”。

目前，出自戈裕良之手的，仅存苏州环秀山庄和常熟燕园两处假山。

苏州环秀山庄的湖石假山

戈裕良一生所造的园林所叠的假山，见于记载的迄今为止共有8处，共10个子项，实际上可能还不止这些。这8处当中，苏州环秀山庄的戈氏叠山堪称一绝。环秀山庄占地不过半亩，然咫尺之间，千岩万壑，环山而视，步移景易，有“独步江南”之誉，在中国园林史上占有重要地位。

28 中国园林史的开端——上林苑

中国园林的雏形是“囿”，大约出现在公元前16世纪的商朝。囿，是指王室专门集中豢养禽兽的场所。

学术界普遍认为，先秦时期的“囿”是中国古典园林的最初形式。秦汉时期的“苑”则由此发展而来，只不过在规模上加以扩大，内容上更加丰富，构筑布局有了一定的模式，更重要的是山水主题开始突出了。

汉武帝初年修建的上林苑一景

上林苑是汉代最大的皇家苑囿，曾是秦朝设在渭河南岸的苑囿。汉建元三年（公元前138年），汉武帝大规模扩展上林苑，苑内建有大量亭台楼阁，布满珍禽奇兽、名木异草。汉朝皇帝秋冬季节都要在此射猎。

上林苑纵横340平方千米，共有36个苑，地跨长安区、鄠邑区、咸阳、周至县、蓝田县等5个（区）县域。

各个苑都有各自的用途，如思贤苑是专为招待宾客而修建的，实际上就是搜罗人才的地方。御宿苑则是汉武帝的禁苑，是他在上林苑的离宫别馆。

上林苑中有大型宫城，即建章宫，建章宫北大液池是组景很好的园林景区，池中有蓬莱、瀛洲、方丈，像海中神仙。还有一些各有用途的宫、观建筑。

上林苑中的建章宫所在的园林景区

上林苑中还有各种各样的水景区，如昆明池、镐池、祀池等池沼水景，更有植物园、动物园、猎场、牧场以及一些作坊。上林苑的功能是综合的，具备了早期园林的全部功能——狩猎、通神、求仙、生产、游憩、居住、娱乐，此外还有军事训练的功能。

为了管理上林苑，专门设置了管理机构，它由少府管辖，收入也归少府。少府是以管理皇家财产为主的机构。最高首长由水衡都尉兼任，下设有丞、官、尉各若干人员分管苑内各项事务。

汉武帝在位后期，对外战争频繁，军饷短缺，就将上林苑的部分土地用于贫民耕种、养鹿、放牧，所得赋税充作军饷。此后园林的范围扩大，也有百姓入苑垦田开荒。

上林苑也举行一些其他的娱乐活动，元封三年（公元前108年）春，在上林苑中做角抵戏，300里内的百姓皆来观看。

上林苑属皇家园林，到元帝时，因朝廷不堪重负而裁撤了管理上林苑的官员，同时把宜春苑所占的池、田发还给了贫民使用。

西汉末期，王莽于地皇元年（20年）拆毁了上林苑中的10余处宫馆，取其材瓦，营造了9处宗庙；接踵而来的又是王莽政权与赤眉义军争夺都城的战火，使上林苑遭受了毁灭性的劫难。

后来我国历代皇帝所造的园林，都师承了汉代苑的活动内容并有所发展。上林苑在中国历史上大约存在了240多年。

29 宋代山水宫苑——艮岳

北宋时期，帝王苑囿时有兴筑，数量众多，其中以徽宗时的寿山艮岳较为著名。

“艮”为地处宫城东北隅之意，宋徽宗政和七年（1117年）开始建造，宣和四年（1122年）竣工。这四年间，宋徽宗在全国搜求奇花异石，许多地方设置了应奉局，组织专门机构运送，名曰花石纲。

宋徽宗筑的这个苑囿，凝聚了无数劳动人民的血汗，给人们带来了灾难。

整个艮岳以南北两山为主体，两山向东西伸展，并折而相向环拱，构成众山环列、中间平芜的形势。苑中建筑有亭台楼阁，更有乔木茂草，走兽飞禽，其美丽难以尽述，而且让人惊奇的这里竟是人工开凿而成。

艮岳建造的艺术特点是：

一、宋徽宗对太湖石情有独钟，因此艮岳以太湖石为最重要的造园材料，叠石为山，奇石林立，创中国园林史上的以石造境之最。

艮岳鸟瞰图

二、宋徽宗本人是一位画家，艮岳以天地为画布，按画图施工建造，园林成为三度空间的山水画的实物艺术。在此处可以体会到艮岳的布局跟山水画创作的理论有一致的地方；从艺术表现上，处处可以体会到以诗情画意写入园林的特色。

三、艮岳的营建反映了中国人对于山水自然的理解日益深化，从单纯的在形式上摹写山水进一步转向在神韵之中欣赏和感受自然的情趣。

艮岳的又一特色是在掇山理水所创作的各个环境中，随着形势穿凿景物，拓出多样景区。突破秦汉以来宫苑一池三山的规范，把诗情画意移入园林，以典型、概括的山水创作为主题，在中国园林史上是一大转折。

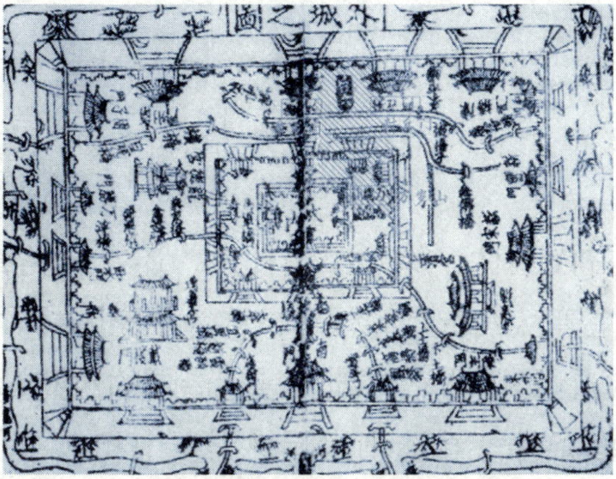

艮岳景区示意图

艮岳是一个典型的山水宫苑，是元明清时期宫苑建设的重要参照。

艮岳是为了“放怀适情，游心玩思”而作，因此，作为游息境域的山水创作是主题。根据景的要求，随形而建亭堂轩馆楼阁，列于上下，则自成一景。

正因为艮岳中有冈阜、有丛林、有池沼，可以放养水禽异兽，任它们自由生活，因而增加了生动自然之趣。

总的来说，到了北宋，首次出现这样纯粹以山水创作自然之趣为主题的宫苑，我们称之为北宋山水宫苑。

30 私家园林——苏州拙政园

中国古代园林，除皇家园林外，还有一类属于官吏、富商、地主等私人所有的园林，称为私家园林。私家园林集中在南方，是因为南方地区具有造园的自然、经济与人文的诸方面条件。建造山水园林需要山和水，尤其是山，而苏州的拙政园就是这样一个私家园林。

苏州园林的建造始于春秋，发展于汉唐宋元，全盛时期在明清。其中以拙政园为代表的苏州古典园林被誉为“咫尺之内再造乾坤”，是中华园林文化的翘楚和骄傲。

苏州园林一景

拙政园位于苏州市姑苏区东北街，是明朝御史王献臣于正德八年（1513年）开始建造的，其后不断增修，一直延续到1960年。经历了四百多年，才有了我们今天看到的园林风貌。时间如此之长，连园主都变了三十多个。

还有一园多家分割居住，曾屡作官府、会馆和医院、学校等公用处的情景。

园中有名的景点共29处，有的名字一直在变，而倚玉轩、小飞虹、小沧浪、待霜亭、得真亭、嘉实亭、听松风处、志清处这八处是沿袭拙政园始建时的旧名。

虽然拙政园一直在变化，但始建时以水为主，疏朗淡雅、林木绝胜、景色自然的总体规划，却一直沿袭下来。

拙政园全园占地78亩，分为东、中、西和住宅四个部分。东部原称归田园居，约31亩，全部为新建，布局以平冈远山、松林草坪、竹坞曲水为主，配以山池亭榭，仍保持疏朗明快的风格。主要建筑有兰雪堂、芙蓉榭、天泉亭、缀云峰等，均为移建。中部是拙政园的主景区，为精华所在，面积约18.5亩，其总体布局以水池为中心，亭台楼榭皆临水而建。有的亭榭则直出水中，具有江南水乡的特色。池子很大，树木茂盛，景色自然，临水布置了形体不一、高低错落的建筑，主次分明。总的格局仍保持明代园林浑厚、质朴、疏朗的艺术风格。中部景区还有微观楼、玉兰堂、见山楼等建筑。最有特点的是枇杷园，它是园中之园。西部原为补园，面积约12.5亩，其水面迂回，布局紧凑，依山傍水建以亭阁，因被大力改建，所以乾隆后，工巧、造作的艺术风格占了上风。但水石部分同中部景区仍较接近，而起伏、曲折、凌波而过的水廊、溪涧则是苏州园林造园艺术的佳作。

苏州园林长廊一景

拙政园充分利用了园地多积水的优势。中部现有水面近6亩，约占园林面积的三分之一。大面积水面可使园林空间开朗，保持了明代池广林茂的特点。

晚清时期，厅堂亭榭、游廊画舫等园林建筑增加了许多，中部的建筑密度达到了16.3%。建筑趋向群体组合化。

截至2014年，拙政园仍然保持了以植物景观取胜的传统，荷花、山茶、杜鹃为著名的三大特色花卉。

31 私家园林——恭王府花园

恭王府是清代恭亲王奕䜣的府邸，它的前身是乾隆朝权臣和珅的宅第和庆郡王永璘的府邸。恭王府是北京规模最大、保存最完整的清代王府。

恭王府花园又名萃锦园，位于府邸北侧。南北长约150米，东西宽170余米，占地面积2.8万平方米。全园古建筑有31处，面积4800平方米。

全园布局分中、东、西三路。园中的西洋门、“福”字碑、室内大戏楼并称恭王府三绝。

中路的建筑是以花园为主体，花园的正门与前面的王府建筑有一过道相隔，过道上有一座具有西洋建筑风格的汉白玉石拱门。进门后的独乐峰，是一块高5米多的太湖石，起着屏风的作用。独乐峰的正北是海渡鹤桥，过了桥就到了安善堂。安善堂是一座宽敞大厅，恭亲王常在此设宴招待客人。越过安善堂便是韵花簃。这里是一排堂阁小屋，过了小屋就是全园的主山——滴翠岩。山下有洞叫秘云洞，康熙的“福”字碑就在洞中。中轴线的最后一组建筑是蝠厅，此处是消夏纳凉的好地方。

东路的主要建筑是封闭式的大戏楼。这里除了演戏之外，还是当年恭王府举办红白喜事的地方。大戏楼南为怡神所，是当年赏花行令之所。此外，还有曲径通幽、吟香醉月、流杯亭、垂青樾等景点。

西路的主要景观是湖心亭，这里以水面为主，中间有敞轩三间，是观赏、垂钓的好去处。

恭王府园林一景

东路以建筑为主，西路以山水为主，全园以“福”字贯穿，主题明显。东部建筑较多，中部曲廊的围合不是很恰当，特别是理水较差。从堆石、建筑、植物、格局上看仍有北方园林的特点。

全园由多个院落组成。园林入口在中路，中路分三进院落。门额由恭亲王手书“萃锦园”三字。入园迎面为左右两青石假山夹道，之间有一空地。从上面看去，说是曲径通幽；左看，说的是垂青樾；右看，说的是翠云岭。

第二进院落是一个四合院，正前方是高耸的石山名滴翠岩，山系太湖石。山上一厅，面阔三间，名叫绿天小隐。厅前有一台，叫邀月台。在此处中秋望月，好景数第一。

中西古今于一体的恭王府园林一景

院落终点是蝠厅。因建筑正厅五间，前后出抱厦三间，两侧又出耳房，耳房比正厅略前，形成曲折对称类似蝙蝠的平面，故名蝠厅，也是以蝠喻福。

这座别致典雅的园林，在京师的地位可属王府花园之冠。

32 皇家园林——圆明园

提起皇家园林，我们自然就会想到北京的圆明园，那是一座天下闻名的万园之园，总设计师雷金玉。

圆明园，兴建于康熙末年，“圆明园”这一名称是由康熙帝命名的。圆明园占地350多公顷，其内水域面积也相当大。

圆明园景色之一

园内有许多无价之宝，如历代书画、金银珠宝、宋元瓷器和奇珍异宝等。

绮春园和长春园是圆明园的两个附园。绮春园由多座私家小园合并扩建而成的，共计30景点。长春园分为南北两个景区，南区以淳化轩一组为主体建筑，周围湖岛布置了10个景点。

圆明园正门有六部朝房，二宫门有正大光明殿，是皇帝朝会的地方。九州清晏区是皇帝宴请宾客的场所。

从雍正到道光的历代清帝，都长期在园中居住，并举行朝政宴会，使圆明园成为仅次于紫禁城的政治中心。

圆明园中间的建筑类型多，功能齐全，可以满足帝王处理政务、游乐休闲以及祭祖、拜佛等各种活动。

建筑类型包括殿、堂、亭、台、楼、阁、榭、廊、轩、斋、房、舫、馆、厅、桥、闸、墙、塔以及寺庙、道观、村居、街市等，应有尽有。

建筑平面布局共有38种之多，除常见的矩形、方形、圆形、工字形、凹凸字形、六角形、八角形外，还有很多独特新颖的平面形式，如眉月形、书卷形、田字形、曲尺形、梅花形、扇面形等。

圆明园内有豪华的室内装修和讲究的陈设。

圆明园景色之一

1860年10月，英法联军火烧圆明园后，圆明园又遭到军阀破坏和匪盗打击，终成一片废墟。

园中的大量珍贵文物至今仍流落在国外，被国外博物馆收藏或在国际市场上被不断拍卖。

今天，圆明园中的水面、河道都已得到了清理，水中也种植了大片的荷花，湖面上有材质、形态各异的桥梁。

33 皇家园林——承德避暑山庄

避暑山庄，又名热河行宫或承德离宫，始建于1703年，历经康熙、雍正、乾隆三代皇帝，耗时约九十年建成，是清朝最先建造的一座大型皇家园林。

避暑山庄占地约564万平方米，山庄午门上有康熙题写的“避暑山庄”匾额。

承德避暑山庄一景

避暑山庄的建筑布局大体可分为宫殿区和苑景区。

宫殿区位于山庄南部，包括正宫、松鹤斋、万壑松风和东宫四组建筑。

正宫是宫殿区的主体建筑，是清代皇帝在山庄时，处理政务、休息和举行大典的地方。松鹤斋，建于乾隆十四年（1749年），供太后居住。万壑松风是清帝批阅奏章和读书处，是宫殿区与湖区的过渡建筑，造型与颐和园的谐趣园类似。东宫在宫殿区最东面，是清帝举行庆宴大典的场所，后毁于战火，现仅存基址。

苑景区又可分为湖泊区、平原区和山岳区三部分。

湖泊区集南方园林之“秀”和北方园林之“雄”于一体，将江南园林的景观移植到塞外。区内湖泊总称塞湖，总面积57公顷。这里的风景建筑大多是仿照江南的名胜建造的，如烟雨楼。

平原区位于湖泊区以东，占地53公顷。区内的万树园不施土木，仅按蒙古族的风俗习惯设置蒙古包数座，乾隆帝常在这里召见各少数民族首领，举行野餐。

平原区的西部和北部是山岳区，占地422公顷，占避暑山庄总面积的五分之四，属燕山余脉风云岭山系。

承德避暑山庄一景

避暑山庄周围建有风格各异的寺庙，是当时清政府利用宗教手段为笼络团结蒙古、新疆、西藏等地区的少数民族而修建的，以普宁寺、普乐寺、普陀宗乘庙和须弥福寿庙规模最大、最重要。

避暑山庄实现了“宫”与“苑”形式上的完美结合。它继承和发展了中国古典园林“以人为之美入自然，符合自然而又超越自然”的传统造园思想，同时融南北造园艺术的精华于一身，是中国园林史上一个辉煌的里程碑，享有“中国地理形貌之缩影”和“中国古典园林之最高范例”的盛誉。

34 北方合院民居——四合院

提起四合院，人们首先会想到最有名的北京四合院。其实许多地方都有四合院，比如云南大理。大理的四合院正房的朝向都面向东方，四合院的大门也多开在东北角的位置而朝东，房屋构架上除了采用木结构以防备地震，更普通的则是采用硬山式屋顶。延安黄土坡上的窑洞，虽然是挖土成洞，但是它们仍有两种常见的形式，一种是靠着工匠在山崖上横向挖洞，洞呈长方形。另一种是在平地上向下挖出一个方形的地坑，再在坑内向四壁挖洞，组成一个地下四合院。

中国早在3000多年前的西周时期，就有完整的四合院。这个四合院在陕西岐山凤雏村，是两进院落建筑遗迹，也是中国已知最早、最严整的四合院。

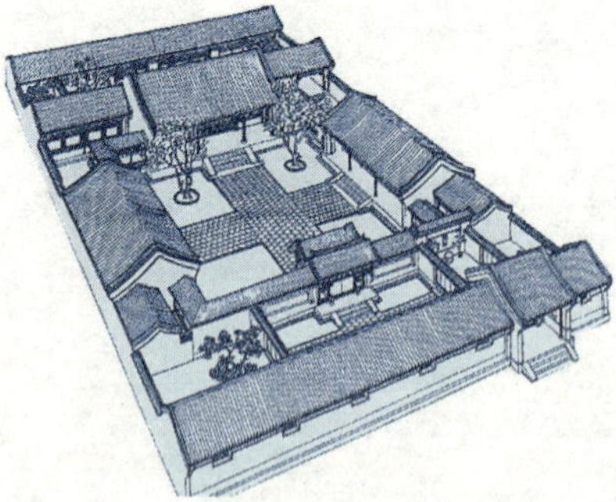

四合院示意图

正式的四合院，一户一宅，平面格局可大可小。房屋主人可以根据土地面积的大小、家中人数的多少来建造。小到可以只有一进，大到可以三进或四进，还可以建成两个带跨院的四合院。

最小的一进院，进了街门直接就是院子。以中轴线贯穿，房屋都是单层，由倒座房、正房、厢房围成院落。其中北房为正房，东西两个方向的房屋为厢房，南房门向北开，故称为倒座房。

两进四合院分为前院和后院，后院又叫作内宅。前院由门楼、倒座房组成，连接前后院的一般为垂花门，一些相对朴素的住宅则为月亮门，后院由东西厢房、正房、游廓组成。

完整的四合院为三进院落，第一进院是垂花门之前倒座房所在的窄院；第二进院是厢房、正房、游廊，正房和厢房旁还可加耳房；第三进院为正房后的后罩房，在正房东侧耳房开一道门，连通第二和第三进院。

四进、五进院的四合院组合方式较多，通常呈前堂后寝式。

四合院内一景

四合院里的房屋分配原则，切合了中国古代社会的宗教和礼法，家庭中男女、长幼、尊卑有序。

老人住北房（上房）；中间为大客厅（中堂间）；长子住东厢；次子住西厢；女儿住后院；佣人住倒座房，互不影响。这其中也受男外女内的中国传统文化的影响。

明清两朝的宫城——紫禁城是规模最大、形态最为复杂的四合院群体。

35 南方四合院——云南“一颗印”

“一颗印”，又叫窨子屋，是云南昆明的汉族、彝族普遍采用的一种住房形式。因墙厚、瓦重、地盘和外观呈方形，宛如一颗印而得名。

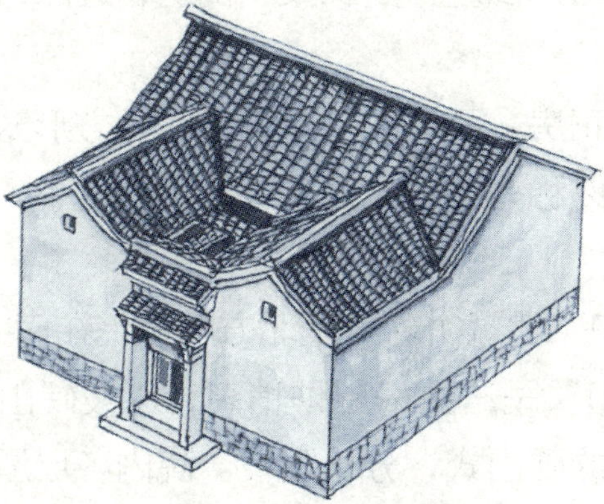

“一颗印”四合院示意图

千百年来，“一颗印”就是滇池地区最普遍、最温馨的平民住宅。这种民居的基本规则为三间两耳倒八尺，即平面近乎正方形，正房三间两层，两厢为耳房，组成四合院。中间为一小天井，门廊又称倒座，进深为八尺，所以叫倒八尺。

民居的住宅南向，有楼，无侧门或后门，大门开在正房对面的中轴线上，设倒座或门廊。有的在大门入口处设木屏风一道，人从两侧绕行。

“一颗印”里面布置：

三间正房：全宅中最高、空间最大、朝向最好的，就是正房。一般正房有3个房间，有宽敞的前廊，稳坐“一颗印”建筑的正中间。

耳房：在正房两边，且垂直于正房的就是耳房，比正房矮小。有的左右各两间耳房，称为四耳。

倒八尺——倒座：门廊又叫倒座，进深为八尺，所以叫倒八尺。

天井：正房、耳房和倒座围成的长方形露天空间就是天井。之所以称为井，是因为这个空间很小，大概十几平方米。

“一颗印”建筑实际上是北方四合院在南方的变形。

“一颗印”民居主房屋顶稍高，双坡硬山式。厢房屋顶为不对称的硬山式，分长短坡。院内各层屋面均不互相交接，正房屋面高，厢房上层屋面正好插入正房的上下两层屋面的间隙中，厢房下层屋面在正房下层屋面之下。外墙封闭，仅在二楼开有一两个小窗，前围墙较高，常达厢房上层檐口。

“一颗印”民居，正房三间的底层中央一间多作为客堂；左右为主人卧室；耳房底层为厨房和猪、马牲畜栏圈。楼上正房中间为祭祀祖宗的祖堂或者是诵经供佛的佛堂，其余房间供住人和储存农作物等。

地面一律是用石灰、桐油、瓷粉混合筑就的三合泥涂抹，地面平整光亮而不滑，凉爽而不潮湿。

“一颗印”四合院

“一颗印”住宅内院起通风、采光、排水的作用，又是交通的核心，也是厅堂的扩大空间。

农村的“一颗印”民居，堂屋一般不安装格子门；城里的“一颗印”民居建筑，堂屋一般都安装有格子门。

随着城市的改扩建，“一颗印”式的昆明古民居建筑，已经越来越少了。

36 黄土高原民居——窑洞

史前的居住方式有穴居、半穴居，这种方式后来演化成窑洞。窑洞距今已有4500年以上的历史，可谓原生态建筑中最早的建筑实例。

窑洞是人工在黄土地带挖掘而成的居住空间。

黄土高原窑洞

中国的窑洞民居在形式上可以分为三类：靠崖式、独立式和下沉式。

靠崖式窑洞主要分布在山坡、土塬的沟崖地带。数口窑洞或一组窑洞常常呈曲线形式或折线形排列。

独立式窑洞是在地面上用砖砌拱券，两侧附女儿墙，并在上面覆土。它是三种窑洞中最高级的一种形式，也是造价最高的一种。在传统的独立式窑洞中，最具代表性的要数山西省平遥县的民居，这种民居一般是院落的形式，正面辟有大门，不过大门并不居中，而是偏于前左侧。进入大门，可以看到一条长长的院子，顶头是正房，两侧是厢房，背后是倒座房。

下沉式窑洞是位于地面以下的窑洞，即在平地上挖出一个凹进去的大院子，再在这个院子的四面墙上掏出窑洞，这就是下沉式窑洞。其出入的形式大约有四种，分别为直通式、通道式、斜坡式和台阶式。

下沉式窑洞示意图

窑洞的好处是冬暖夏凉，没有噪音。建筑坚固，比木结构房屋更抗震，所以有些有经济能力的人家把厢房也建成窑洞的形式。

窑洞民居分布在甘肃、山西、陕西、河南等省，在河北省中部、西部以及内蒙古中部也有少量存在。河南的康百万庄园也是窑洞民居的代表。

窑洞按用途细分还有很多种。

如为了防盗，在正面窑洞上面再打个小窑，名曰高窑；在窑内一侧再打个能藏东西的小窑名叫拐窑；若因窑小，在盘炕的地方再掘一小窑叫炕窑；为了躲避战乱，在庄园附近另挖一长道深洞，叫地窨子。

窑洞民居因就地挖掘，有一种取之自然而融于自然之感，保持了环境原有的质量，给人以真正“土生土长”的感觉。它是黄土高原的产物、陕北人民的象征，它沉淀了古老的黄土地的深层文化。

37 乡土风情建筑——客家围龙屋

围龙屋又叫围拢屋，是一种典型的极具岭南特色的客家民居建筑。客家围龙屋与北京的四合院、陕西的窑洞、广西的干栏式和云南的“一颗印”，合称为中国最具乡土风情的五大传统住宅建筑形式。

围龙屋多依山而建，整座屋宇跨在山坡与平地之间，形成前低后高、两边低中间高的双拱曲线，屋宇层层叠叠。它是客家民居中最典型的一种，主要分布于广东的梅州、深圳、惠州、河源等地。

围龙屋的整体布局是一个大圆形，主体是堂屋，堂屋的后面建半月形的围屋，与两边横屋的顶端相接，将正屋围在中间。有两堂二横一围龙、三堂二横一围龙、四横一围龙与双围龙、六横三围龙，多至五围龙。

中轴线房间为龙厅，正对上堂祖龛，上堂主要作为祭祀场所；中堂为议事、宴会场所；下堂为婚丧礼仪时乐坛和轿夫席位以及放公共物品的地方。上堂与中堂、中堂与下堂之间左右两厅，为南北厅，亦称十字厅，是公共会客厅。

围龙屋的整体图

并排在上、中、下三堂两侧的房间为正房；中堂与下堂边靠近横屋的正房为花厅，是本族子弟读书的场所，内设小天井、假山、花圃等。围屋前面与池塘之间为晒谷场地。

在围屋与正堂之间有一块半月形空地，称花头，或化胎。化胎的斜面种植花木或用碎石、鹅卵石铺砌，是整个围龙屋的风水宝地。正屋与化胎之间开一深沟，作为围屋与正屋的分界，也有利于排水。

围龙屋的前半部为半月形池塘，后半部为半月形的房舍建筑。两个半部的接合部位由一长方形空地隔开，叫禾坪（或叫地堂），是居民活动或晾晒的场所。

三堂二横二围龙构造的围龙屋

围龙屋还建有坚固的多层角楼，既可用来储备粮食、草料，又可居高临下射击来犯之敌。如遇盗匪前来扰劫，只要把大门、半门一关，村民们便携武器进入围龙屋和角楼，进行抗击。

客家人建了新屋，一般都要举行搬新屋的礼俗，叫出煞。迁居之日，大摆宴席，祭祀神灵。

20世纪90年代后，地方政府逐渐重视起围龙屋作为文化遗产的价值，开始进行保护和维修。

38 干栏式建筑——广西传统民居

广西干栏式传统民居是中国最具乡土风情的五大传统住宅建筑之一。广西壮族的人们常有“宁可食无肉，不可居无竹”之说。所以，不少村寨依山傍水，建筑层叠而上，间以林木和竹林。

壮族人喜欢把村子建在山脚下向阳、通风好的地方，后山的村边栽上树木，规定不得乱砍滥伐，以保持村庄的安全。

他们按巢居形式，伐木构架，在地面上建造全木结构房屋，下层圈养禽畜，上层供人居住。

壮族民居一景

明朝《赤雅》云："积木以居，名曰干栏。"干栏式建筑的结构，一般为全木穿斗木构架，用木柱和木梁（枋）榫卯连接，构成整体房屋骨架，常用奇数，多为三、五、七柱式，九柱少见，偶数柱四、六柱式间中有之。

广西传统民居干栏式建筑有下列几种类型：

1. 全楼式：数量较多，基本遍布在广西林木茂盛的山区。房屋依山坡或山脚筑台，一般有2~3层，底层高2米左右，敞开或半敞开或封闭，用来家务劳作、饲养禽畜、厕所积肥、贮藏农具柴草之用。二楼层高3米左右，住人。三楼一般为阁楼，层高为2米左右，多为贮藏种子、粮食仓库，也作为女性卧室。

全楼式结构严谨，空间富于变化，造型比例恰当，轻巧别致，通风气爽，安全舒适。

2. 半楼式：数量最多，分布在山林茂密的丛山峻岭地区。多在山腰或山脚上劈山筑台，靠山面野，因势而建，底层层高2米左右，前半部为架空结构，以木板铺设楼面，其外形与全楼式相似，作为圈养禽畜、厕所积肥、存放农具柴草之用；后半部是坡地平台，作为厨房、火塘、堆放石磨石碓和加工农产品之用。二楼层高为3米左右。三楼层高2米左右，多为阁楼，作为贮存粮食种子和杂物用。

半楼式特点是利用底层后半部倚山筑台作为厨房火塘，有效防火。房屋结构严谨、牢固、稳定、安全，是因地视势、充分利用空间的好例子。

3. 落地式：数量较少，多分布在丘陵、缓坡、平地林区。农具柴草，厨房另布置在房屋周围，无楼层，人居底层，层高3米至4米，中厅堂两侧有阁楼存放粮食种子。室外四周或拼木板或砌石夯土为墙，而室内保留着干栏式民居所用的木材，只略加斧凿，涂刷光油。

壮族民居防水设施

广西忻城县北更乡古利村天马屯，是一个三面环山的村庄，也是典型的壮族风情干栏式民居建筑村落。干栏式建筑物古朴典雅，结构独特，已有数百年的历史。由于种种原因，这种建筑正在慢慢消失，我们要认识到它的价值，把它作为民族文化产物加以保护 。

39 稀世民居——海草房

我们知道建筑房屋的材料一般是砖、瓦、水泥等，在我国北方的沿海地区，有个地方盖房子用的材料是海草。渔民用海草做建造屋顶的材料，能起到很好的保温和防雨功效。

在我国胶东半岛的威海、烟台、青岛等沿海地带，尤其是荣成地区，就有海草房分布。

海草房一景

用于建造海草房的“海草”，是生长在5米到10米浅海中的大叶海苔等野生藻类。海草生鲜时颜色翠绿，晒干后变为紫褐色，非常柔韧。

人们打算盖房时，先将这些海草打捞上来，然后晒干、整理好，等到盖房子时就可以用了。

生长在大海中的海草含有大量的卤和胶质，用它苫在厚厚的房顶，除了有防虫蛀、防霉烂、不易燃烧的特点外，还具有冬暖夏凉的优点。

海草房的格局，也有四合院的类型。

还有一种是双四合院，前后并套在一起形成大户庄园。

普通百姓建海草房，格局多为正房三至五间，带东厢或西厢，有的是两厢都带，但倒房较少。只有院墙和大门，有的只带正间和小院儿。

苫房是一门技艺，一栋海草房的好坏、使用时间的长短，主要取决于海草苫得是否严密。因为只要屋子不漏水，墙是很难倒的，可以一直住下去。

带院子的海草房

苫间海草房要三四个人花上十几天才能搞好。苫屋顶还需要掺杂一些麦秸。

为了抵御大风，海草房的屋顶上还要特地覆盖一层更厚的海草，也有个别的再盖上一层瓦，这在当地俗称为压脊。建造一座海草房所用的海草量甚至可达5000千克以上。由于基地较紧张，村落中海草房屋密度较大，院落狭小，街道较窄。

40 中西合璧——上海石库门里弄民居

上海的石库门民居现存约3500万平方米，它是一种融汇了西方文化和中国传统民居特点的新型建筑，是具有中国特色的居民住宅，也是海派文化的精髓。

这种民居以石头做门框，以乌漆实心厚木做门扇，汉语中把围束的圈叫作箍，而这种用石条围束门的建筑被叫作石箍门，宁波人发“箍”字音发的是“库”，上海的“石箍门”就被讹作“石库门”了。

上海石库门民居一景

石库门建筑的风格是多重的，既有来自传统江南民居的造型，又有来自西方的手法。石库门的住宅单体平面接近于传统的三合院或四合院形式，早期多由三开间两厢房或五开间两层楼的格局组成，基本上保存了传统江南民居左右对称、尊卑有序的空间秩序。

整座住宅主体中的堂屋一般为三堂：上堂为祖公堂，中堂为议事厅，下堂为门厅，堂与堂之间以天井相隔。

利用灵活的屏隔来改变室内面积的大小是石库门建筑吸收江南民居特点的体现。

石库门还结合了欧式的联排布局设计，主要是指英国的毗连式住宅。这种毗连式住宅，一般两至三层，砖木结构。一开间连续一开间，用地十分节约，与中国传统的江南民居的结合，构成了一种能基本适应中国传统家庭在新的城市环境中的生活方式和居住理念的建筑样式。

上海的石库门里弄建筑占地面积小，布局紧凑，适应了商业社会土地使用最大化的大势所趋，因此这种建筑形式迅速在上海蔓延。

上海石库门里弄建筑

走进石库门，迎面是由江南民居演变而来的天井，穿过天井就来到了堂客间，这里是会客、就餐、教子、供佛、祭祖的场所。

堂客有一排六至八扇落地窗，可以拆卸，拆卸后与天井融为一体。堂客后为楼梯间和灶披间。为节约土地，石库门里弄民居一般为两层或三层，二楼至屋顶斜坡多作为阁楼使用，并在屋顶开设窗户，人称老虎窗。

石库门建筑一家一户，或多户住在一栋石库门建筑中，形成特有的72家房客现象，可以满足各个阶层的住房需求。

石库门这一具有多样性、复杂性的住宅，形成了独特的上海生活风情。

41 中国古民居“富金矿”——诸葛村

诸葛村这名字听上去，会让你想到三国的诸葛亮吧？它位于浙江省兰溪市西部18千米处。

诸葛村，古称高隆，是诸葛亮的一支后裔聚集在一起的血缘村落，也叫八卦村。叫八卦村是因为村中建筑格局按九宫八卦图式而来。

诸葛村的地形为中间低平，四周渐高，如锅底。

四方来水，汇聚锅底，形成一口池塘，这就是钟池。钟池是八卦村的核心所在，也是布列八阵图的基点。池子并不大，但这口水塘半边有水，半边为陆，形如九宫八卦图中的太极，奇妙无比。

以钟池为中心，有八条小巷向四面八方延伸，直通村外八座高高的土岗，其平面酷似八卦图。

浙江诸葛村钟池景观

接近钟池的小巷较为笔直，往外延伸时渐趋曲折，而许多小巷纵横相连，似通非通，犹如迷宫一般。外人进入小巷，往往好进难出，甚至迷失方向。

据相关记载，此镇始建于宋元时期，后代屡有续建、改造，至清康乾时盛极一时。

诸葛后裔们继承了先祖诸葛亮的优良传统，勤于学，精于业，人杰地灵，人才辈出。据传，诸葛亮当年曾留有“不为良相，便为良医”的祖训，而诸葛亮是千古第一良相，后人不可逾越，于是诸葛子孙们便不问仕途，一心学医。

诸葛村的大部分住宅都是造在起伏的山坡上，从前到后逐渐升高，叫作步步高。住宅的门头，是精美的苏式雕砖门头。

诸葛村的民居，家家户户都有门联，门框的两侧抱柱上，各挂一只木雕的葫芦形或花瓶形香插。

这里的基本住宅型制是三间两搭厢、对合、前厅后堂楼、三进两明堂、对合加楼上厅。

三间两搭厢上面有楼，通常只作储藏之用。大型的三间两搭厢，是正屋三间，两厢各一间，当中为天井。

对合就是密闭的“口”字形的四合院，它的正屋叫上房，隔天井建屋三间叫下房。

前厅后堂楼建筑是前进为落地大厅，单层，用以迎宾接待客人之用。后进为三间两搭厢，有楼，为住室，是生活场所。

三进两明堂的大厅坐落在地上高敞宏阔，很有气派，大厅前有左右两厢和天井。三进两明堂三进都有楼，前后可以穿通，三进房子的屋脊，从前到后一个比一个高，叫连升三级（脊）。

浙江诸葛村一景

诸葛村是目前全国保护得最好、群体规模最大、型制最齐，文化内涵很深厚的一个古村落。

42 中国星象第一村——张壁古堡

张壁古堡，位于山西省介休市龙凤镇张壁村。

天上奎星，人间张壁。一听这话，你就会联想到，古堡的营建遵循了中国古代星象和堪舆的基本原则。地面建筑和地道中，现存与二十八星宿相对应的标志物，如水井、戏台、七星槐、天眼、将军窑等30余处，古堡至今还保留着正月二十八祭星的习俗。

张壁古堡一景

俗话说，地上阴阳五行，地下六壬奇门。

张壁古堡，是国内目前仅存、世所罕见的古代星象学的民间绝版，被誉为“天下第一星象村”。

古堡面积，仅有0.12平方千米。三面沟壑，一面靠山，地势险要，易守难攻。古堡下面建有长约万米、上下三层、攻防兼备的古地道，堪称地上地下双城子。

堡内有一条红色条石砌筑而成的主街——红顺街，两侧错落有致地分布着七条幽深的古巷。

张壁古堡顺地势建造，南高北低。北面，有三条深沟向下延伸；南面，有三条向外的通道；西面为窑湾沟，峭壁陡坡，深达数十丈；东面则有沟堑阻隔，可谓易守难攻，退进有路。

古堡建有南北两座堡门，北堡门为砖砌，南堡门为石砌。在古朴的民居中，几座琉璃覆顶、金碧辉煌的庙宇点缀其中。抱柳的古槐和罕见的琉璃碑也为古堡增色不少。南北堡门附近各有一个宗教建筑群，有关帝庙、可罕庙、空王行祠、二郎庙等。

古堡的与众不同，还在于这里的所有路口都呈“丁”字形，没有“十”字形的。其主次街道分明，主街与东边三巷、西面四巷构成了“丁”字形的结构。东三巷民居多为农家小院，西四巷建筑错落有致，街巷格局严整，过去多为富户居住，门楣考究，砖、木、石雕精美。

此外，沿村中的红顺街两侧，依地形走势，在主街与几条小巷的“丁”字巷口，游人仍可看到保存至今的巷门，它们是各个里坊唯一的出口。

关闭巷门后，各个里坊就成为相对封闭的堡中之堡，里坊之间既可各自为战，又可相互呼应，是一套完好的内部防御体系。

具有防御体系的张壁古堡一景

这种体系集中出现在十六国时期，在当时的河南、河北、山西分布尤多，专家推定张壁古堡就是那时的后赵豪强张平带人建立的坞壁之一，是功能单一的军事堡垒，距今已有1600多年的历史。

张壁古堡是中国现有较为完好的一座融军事、居住、生产、星象、宗教活动为一体、罕见的古代袖珍城堡。它集中了夏商古文化遗址、北朝地道、金代墓葬、元代戏台、明清民居等许多文物古迹，特别是北朝古地道、可汗庙、琉璃碑等为全国罕见。

43 红砖红瓦——闽南建筑

泉州一带的黏土中，含有大量的三氧化二铁。这种黏土，经过高温烧制之后，就形成了美丽的红砖。

这样的红砖材料用于民居建造之后，就形成了我国传统民居中的一枝“奇葩”。我国福建泉州民居便是红砖民居的代表。

“红砖白石双坡曲，出砖入石燕尾脊，雕梁画栋皇宫式 。”这句话是对闽南红砖建筑特色的形象表述。

闽南红砖建筑代表景点

泉州红砖民居主要为四合院的形式，这种四合院的形式带有明显的我国中原地区传统四合院民居的特点。

早在宋代，这种建筑已经在闽南地区流行开来。

红色的建材原本专用于皇家宫殿、庙宇及帝王宗祠的修建，被称为宫廷色，为“庶民不许”，但却在闽南民间被大量使用。这除了与闽南人长期从事海外贸易，积累了巨大财富以及炫奇斗富、讲求排场的乡风有关外，还在于福建自古以来都是山高皇帝远，加上闽南人敢为天下先的特点，使得被称为皇宫色的违禁红色建筑在闽南一带悄然风行。

泉州红砖民居的正立面墙体常用带花纹的红砖砌筑，屋顶也使用红色的瓦来覆盖，上下皆为红色，非常喜庆。

红瓦使泉州民居的屋顶在色彩上亮于一般的青瓦民居，而泉州民居的屋顶造型更令人惊叹。

泉州红砖民居的屋顶造型主要有两大类别，一类为燕尾脊，一类为五行山墙。

燕尾脊就是像燕子尾巴形状的屋脊，即房屋正脊两端起翘处有如开了岔的燕子尾巴，是一个非常形象的建筑名称。两端带有起翘的燕尾，使原本就呈凹弧形的屋脊更显曲线突出，优美而富于艺术性。

燕尾脊造型的闽南红砖建筑

五行山墙，有五种形象，分别为金、木、水、火、土。这五者在我国古代合称五行，所以这五种形式的山墙便被合称为五行山墙，其中金形山墙就是单弧形的山墙，火形山墙就是接近燕尾形的山墙，土形山墙是平顶八字圭形的山墙，水形山墙为三弧形的山墙，木形山墙则是高圆弧形的山墙。

泉州民居的屋顶上没有一条真正的直线，全部为曲线或弧线。

44 绿水青山——徽州民居

徽州位于安徽省南部地区。徽州民居，指徽州地区具有传统风格的房屋，是中国传统民居建筑的一个重要流派，也称徽派民居。在中国的民居建筑史上，其“布局之工，结构之巧，装饰之美，营造之精，文化内涵之深”，为国内古民居建筑群所罕见。

徽州民居正门景色

受风水观念的影响，徽州民居要求枕山面屏。枕山，但不能开门见山；面屏，也就是要有照壁。照壁是古人建造的一堵独立的墙，它立在建筑门内或门外，主要为遮蔽视线。

徽州民居采取因地制宜的原则，有的建在交通要道、山坞隘口旁，有的坐落于湖泊河口或河流冲积之地。

旧时徽州城乡住宅多为砖木结构的楼房，二层楼高，多为一厅堂两卧室三间屋和一厅堂四卧室的四合院。门楼重檐飞角，各进院落都以天井为中心，通风透亮，四周屋顶将雨水导入天井，俗称四水归堂，意为财不外流。

徽州民居院内一景

在房前屋后及两侧空地上或是在天井明堂下这样一些局促又不规整的空间中，徽州人往往巧妙地设计规模很小、布局精致的庭院小品。一座假山、一鉴鱼池、几竿修竹，几扇漏窗，似乎都能在这有限的空间中，创造出一个生机盎然的园林世界。

徽州民居的厅堂是半敞开的，面对着天井。普通人家的厅堂分为正厅和内厅。正厅是待客、议事的场所。正厅的背后是内厅，也叫后厅，既是招待亲友的场所，也是处理日常家务的地方。

卧室的布置很有特点，楼上楼下都有卧室。清代以来，卧室固定设在一楼厅堂两侧的厢房位置。卧室一般面积不大，里面除了常见的家具，如柜子、梳妆台等，最主要的就是床了。床顶、床后和床头均用木板围成，故称满顶床。床前挂帐幔，床柱多用榧木制作。

徽州民居街景

宋室南渡以后，北方汉人大量南迁，徽州人口不断增加，为了生计，人们纷纷出外经商。徽州人把徽州的竹木、漆、茶行销天下，还有纸张、笔、墨等文房四宝也成为畅销商品。靠宗族势力发展起来的徽商，衣锦还乡后，建造祠堂与牌坊，兴办义学和义庄。

45 东方古城堡——客家土楼

土楼，俗称生土楼，因其大多数为闽西客家人所建，故又称客家土楼。顾名思义，这种建筑是以生土为主要建筑材料，然后掺上细沙、石灰、糯米饭、红糖、竹片、木条等，经过反复揉、舂、压建造而成。

客家土楼产生于宋元时期，成熟于明末、清代和民国时期。客家人聚族而居，其所建土楼依山就势，合理布局，满足生活和防御需求。

客家土楼之圆寨内一景

每一座土楼都有一个名字。楼门两边是一副楹联。墙体是按一定比例将未经焙烧的沙质黏土和黏质沙土相拌而筑成，梁柱等构架则用全木。

土楼的形状主要有圆形、方形、五凤形，另外还有椭圆形、八卦形、半月形等。同一种形状又有不同的变化，但是它们却又有着明显的共性。

在福建永定最出名的，当属浑圆阔大、气势磅礴的土楼王子——振成楼。奇特巧妙的建筑设计，科学完整的功能设置，中西建筑的完美结合，精雕细琢的制作功夫，丰富的文化内涵，使得振成楼被誉为“东方建筑明珠”。

客家土楼主要有3种典型，就是五凤楼、方楼、圆楼。

客家土楼形状及分布位置

五凤楼：属府第式民居，是客家人传承中原建筑文化的重要标志之一。五凤楼一般为九脊歇山顶，屋脊两端飞翘，有如“五凤翘翼者也”，故名。五凤楼由三堂两落组合而成，呈前低后高、层次分明之状。

方楼：方楼是以祖祠为中心，四周夯土墙按正方形闢合的通廊式土楼。方楼的布局同五凤楼相近，但其坚厚土墙从上堂屋扩大到整体外围，十分明显的特征是，防御性大大加强。

圆楼：又称圆寨，在圆形建筑物中，三堂屋已经隐藏，尊卑主次严重削弱；寨是堡垒，防御功能上升到首位，俨然成为极有效的准军事工程。

同一个祖先的子孙们在一幢土楼里形成一个独立的社会，共存共荣，共亡共辱。

客家土楼的布局有以下三个特点：

1. 中轴线鲜明，殿堂式围屋、五凤楼、府第式方楼、方形楼等尤为突出。

2. 以厅堂为核心，以院落为中心进行群体组合。

3. 廊道贯通全楼，可谓四通八达。

土楼最大的危险之一是水袭，但绝大多数做法是用大块卵石筑基，其高度设计在最大洪水线以上。土墙在石基以上夯筑，墙顶则设出挑高达3米左右的大屋檐，以确保雨水甩出墙外。

46 多层塔式楼——开平碉楼

碉楼又称烽火碉，起瞭望和前哨防御功能。始建于清初，大量兴建是在20世纪二三十年代。它是中国乡土建筑的一个特殊类型，是集防卫、居住和中西建筑艺术于一体的多层塔楼式建筑。它是中西合璧的民居，建筑元素体现了古希腊 、古罗马等多种风格。

中西合璧的开平碉楼一景

碉楼民居在国内的分布集中在川西北的羌、藏少数民族地区和四川盆地汉族地区，以羌族碉楼为代表；赣南和闽粤客家地区以及广东五邑地区的碉楼，则以广东开平碉楼为代表。

开平市地势低洼，河网密布，过去每遇台风暴雨，常有洪涝之忧。加上其所处四不管之地，社会秩序较为混乱。因此，清初即有乡民建筑碉楼作为防涝防匪之用。作为侨乡的开平，碉楼最多时达3000多座，现存1833座。

崇祯十七年，芦庵公的儿子关子瑞，领人在开平井头里村修建了一座具有防御功能的建筑——瑞云楼。瑞云楼非常坚固，同时具有防洪和防匪两种功能。

随着人口的不断增加，楼内空间渐渐不够用。居住在三门里村的芦庵公曾孙关圣徒，又在本村修建了一座具有同样功能的楼，这就是迎龙楼。

迎龙楼建于清代初年，共有三层，高约11米，砖木结构，占地面积150多平方米。楼的墙体厚度接近1米，用一种较大型的红砖砌筑，比瑞云楼更高大坚固。迎龙楼呈长方形，四角都有射击孔，可进行防御、射击，最下部的正面开有一个拱形小门，门的两边各开一个小方窗，二三层的正面各开三个小方窗。楼顶是传统的硬山式，楼顶很小，前后也没有出檐。楼内每层都分出中厅和东西耳房。

这两座坚固的防御楼，很好地保护了村民。

开平碉楼从建筑材料来分，可以分为四种：石楼、夯土楼、青砖楼、混凝土楼；按使用功能，可分为众楼、居楼、更楼三种类型。

碉楼与四周的竹林、村前的池塘、村口的榕树，形成了根深叶茂、平安聚财、文化昌盛的和谐环境。

碉楼的下部形式都大致相同，只有大小、高低的区别，大的每层相当于三开间或更大；小的每层只相当于半开间。赤坎乡的南楼，高达七层，而矮的碉楼只有三层，比一般的楼房高不了多少。

碉楼的高度在10米至30米之间，形状有四角、六角、八角、十二角等多种形式，有的高达十三四层。

开平碉楼群

现在遗存的碉楼多为明清建筑，它们历经数千年的传承发展至今，是华夏民族文化的瑰宝。

47 藏族民居——碉房

碉房是一种用乱石垒砌或土筑的房屋，它有三至四层高。因外观很像碉堡，故称为碉房，是青藏高原以及内蒙古部分地区常见的居住形式。

碉房的外墙坚固结实，厚达80厘米至100厘米，开窗又小，给人以碉堡的感觉。

藏南谷底的碉房

碉房分为碉楼式碉房、碉塔式碉房、独立式碉房，院式碉房和碉院。

碉楼式碉房一般为二至三层，也有四层的。四周高墙封闭，有的上层为凹型平面，便于采光和户外活动。

碉塔式碉房是在二三层碉房上部加建两三个房间，通常多作为经堂、佛堂之用。加建的房间采用坡状屋顶形式，形成塔状的顶尖。

独立式碉房是指一栋碉房无院落相伴，单独存在。多建在荒山之中隐蔽的山洼地段。

院式碉房则以碉房为主体，同时在前面或三面砌筑院墙，形成封闭式院落。沿院墙布置牲畜圈、杂用房和佣人房等。这种碉房多为某一地区的贵族居住。

碉院与院式碉房不同，它是一种组合式的较大型综合性建筑。一般为三层，局部为四层，平面为四合院式。中间有较大的天井内院，院内可种树木花草。

不同身份者的碉房也不同。驮运牧民的碉房多建在交通要道附近的牧场，以方便经常往来出行。这种民居多为一楼一底形式，底层一般用来堆入货物和作为牲畜圈使用，上层则为主人卧室、厨房、起居室、客室、储藏室的所在。

农民碉房大多分布在气候相对温暖的河谷地带，由几家或几十家联成聚落，住在耕地的边缘。

农民的碉房的层数高的可达四层，一般都是三层。每层功能各不相同，底层同样是牲畜圈。

城市商人的碉房，多是一楼一底形式，它们最大的特点是，底层不再是畜圈，而是经营商品的商店，上层则是主人居室。

一楼一底式碉房

喇嘛的住房与一般农民、牧民等住宅不同的特点是：他们的住宅多为三层，二层最重要，这里有经堂，是喇嘛不可少的活动空间。

土司官寨的个体房屋的高度都在四到五层，土司是旧时少数民族的首领，其住宅除了居住用房外，还有公堂、仓库、游乐、宗教活动等属性，还有专供防御的碉楼。

藏民居室内墙壁上方多绘有吉祥图案，客厅的内壁则绘蓝、绿、红三色，寓意蓝天、土地和大海。在藏族的宗教色彩观中，五色分别寓意火、云、天、土、水，以此来表达吉祥的愿望。

48 地下的家——因纽特人的半地下冰屋

生活在北极地区的因纽特人（爱斯基摩人）大部分住在半地下的冰屋里面。他们的住房有石屋、木屋和雪屋，房屋一半陷入地下，门道极低。

半地下冰屋

因纽特人在海岸边安家落户，主要靠猎捕海生哺乳动物（主要是海象、独角鲸等）和陆地哺乳动物（加拿大驯鹿、白熊、极地狐和北极熊）为食。

在北极地区的严寒地带，因纽特人的半地下住宅建在斜坡地形的坡沿上，一至三个家庭共同住在一起，可住12人左右。共用的房间直径约2.4米，家庭居室的直径约2.1米，高1.8米左右，地下通道约6米长。圆形的面向南面的半地下民居有良好的通道及通气孔，在床下通气，冬季使用地下的暖房，夏季利用上部通风。

北部严寒的冰雪之家中有许多圆形小室，一人用室直径约1.2米，二人用室直径达1.8米，4人室直径2.7米，10人室直径4米。

在冰雪中掘出南向入口，以冰做天窗，入口通路长3米到6米。冰雪之家有不同规模，有一家4人的，两家8人的以及4家共用的，有时为了避风，故意把冰屋的入口做得弯曲。

冰屋内景象

雪屋是用各种规格的雪砖垒砌而成的，雪屋里一般储藏有相当数量的日常食物，比如面粉、茶叶、麋鹿肉、海兽肉之类。

为了防风雪、御寒冷，因纽特人往往还要在半球形的屋顶上盖一层厚厚的野草，再覆以一层海豹皮；同时在屋内螺旋形的墙壁上到处挂满兽皮，用来防寒。另外还通过用透明的海兽肠子遮蔽窗户来防寒，且这种窗户只透光不透气，很具特色。

在雪屋里，因纽特人还生起炉火来驱寒取暖。他们用石块凿成一个石炉子，里面盛满用海兽炸出来的油，用兽毛搓成灯芯，点燃后，即使屋外是零下三四十度的低温，屋内还是挺暖和的。

有些雪屋根本没有门，而是在盖好雪屋后从地上挖掘一条通道作为门，这样室内就更暖和了。

北极冻土地带的半地下圆形屋，有个细长的入口通道和大约1.3米直径的前室，通道的两侧各有深0.6米到1.5米的侧房。主室直径大约6米，外围是球形的覆盖土层，主室的顶板高出地面1米，顶上有天窗通风换气。前部的两侧小屋是存放物品的仓库，主要存放毛皮衣物等。因纽特人使用鲸鱼的脂肪做燃料。

1818年初，曾发掘出史前北极捕鲸盛期使用鲸鱼骨头建造的民居。

49 就地取材——苇草的屋

国外有些国家和地区有丰富的苇草，他们通常利用苇草作为建筑房屋的材料。苇草叶较轻，用其做屋面既防雨还隔热，而且时间愈久，愈增加其功能效用。

一、中东阿曼棕榈民居

阿曼酷热干旱，对房屋的要求是遮阳，窗口要迎海风，房屋结构的骨架要有足够的强度来抵御海上风暴。

阿曼的居民用阿拉伯胶树及棕榈叶树干与枝叶来建造房屋。他们用苇草编织成围墙围合。

当地居民有编织棕榈叶的传统技术。他们用夹板做骨架，屋面及墙壁用棕榈叶层层平行地排列覆盖，或预先在格架网格中编织好树形的墙壁，预制好以后安装在房屋的骨架之中。斜屋面用双层棕榈叶防水，用石头或泥砖加强墙脚以防风，注重建筑的迎风方向，并适当地安排庭院。

二、伊朗和伊拉克民居

伊朗沼泽地区的居民，将芦苇捆绑成束，建成长方形隧道式民居。芦苇捆做落地柱的拱形结构，已绑扎好的双层苇捆做横向联檩，再以苇席做墙及屋面。还用粗大的芦苇捆住做山墙的装饰柱，也可起到加固壁柱的作用。

芦苇捆做落地柱的拱形结构房屋

全部苇拱民居为四柱式，有前后两间的小型民居，也有多间的长筒形的大型民居。平面均划分为前后两部分，一部分为屋宇，一部分为客房，中间以苇墙分隔，分别有各自的前后入口。

伊拉克的苇拱民居较伊朗民居更为简易，伊朗地区还有用泥墙芦苇顶做的拱形民居。

三、伊朗吉兰民居

吉兰民居是独立式的，有花园、庭院和附属建筑，种植较矮的灌木，用树枝或木栅栏围成篱笆。墙上的遮檐和尖屋顶均以木结构搭架，内外再用泥和石灰泥覆抹。房屋建在高起的地基上，以防潮及虫侵，人们的居住习惯是随季节变化搬上搬下或搬进搬出。

苇拱民居

四、摩洛哥里夫草顶民居

在摩洛哥里夫的中部，多数住宅是平顶平房，并围绕有中央庭院。在高原上的住宅用有刺的仙人掌做篱笆围起来。一个住宅面积平均为二三百平方米，中央庭院面积约40平方米。

在有遮护的一边设有大门，房屋庭院中心是约4平方米的可存放谷物的地窖。他们把屋子的石头墙粉刷成白色，屋顶架木梁，盖芦苇，再以灰泥覆盖。屋顶突出过墙，有时形成走廊。

50 拱券革命——古罗马建筑的伟大成就

古罗马建筑承载了古希腊文明中的建筑风格，凸显了地中海地区的特色，同时又是古希腊建筑的一种发展。

拱券结构的古罗马建筑

拱券结构是古罗马建筑技术的最大成就之一。

混凝土技术和拱券结构的结合，使古罗马建筑水平大大突破了古希腊建筑水平，大幅度创新、前进。它简化了建造技术，降低了建造成本，加快了建筑速度，扩大了建筑物的容积和体量，改变了建筑的艺术形貌和装饰手法，重塑了建筑的形制，甚至影响城市的选址、布局和规模。

拱券结构有许多优点，但是也有施工上的困难。第一是每块石料都大致呈楔形，而且必须有一个或者两个弧面，加工相当麻烦。

第二是要有整体胎模以支持拱券封顶合龙前的所有石料的重量。

在罗马的大型公共建筑中，最常采用拱券结构的是公共浴场和剧场。

拱券结构给了古罗马建筑崭新的艺术形象。

首先是给了它新的造型因素：券洞。这种圆弧形的造型因素不同于古希腊梁柱结构的方形造型因素。它很巧妙地融合了方形的柱式因素，组成了连续券和券柱，构图很丰富，适应性很强，从单跨的凯旋门到有240个券洞的大角斗场，它都是艺术造型的主角。在以后相当长的时期中，券洞和券柱式、连续券都被广泛应用，并有所发展。

古罗马大角斗场遗景

其次是穹顶。它的集中式空间的艺术魅力在古罗马时期被逐渐认识，在公共浴室的空间序列中，放在序列最高潮的位置上。

券洞、拱顶和穹顶把圆弧、圆球和圆拱这些曲线造型因素带进了建筑，大大丰富了建筑造型。

10世纪，法国的中部出现了拱券技术，主要用于修道院的教堂。此后，拱券技术在欧洲重新普及。12世纪，法国北部的哥特式天主教堂又把该技术的应用大大推进了一步。

51 石头的家——希腊民居

我国布依族民居的特点是用石头盖成石板房。在国外，希腊也有用石头盖的房子。

古希腊石头房一景

柱式，是指石质梁柱结构体系各部件和它们之间组合搭接方式的展现。它是除中世纪之外，欧洲主流建筑的艺术造型，之所以历经2000多年一直延续到现在，主要原因有以下几点：

第一，柱式原本是一种结构方式，技术比较简单，后来又演化出一种依附于结构方式的艺术形式。

第二，柱式规范非常严谨、非常精致，建造技艺非常成熟。

石质梁柱结构建筑

古希腊的建筑，尤其是公共纪念性建筑都是单层的，而且体形简洁，都是长方形。重要的像帕提农，是一周圈柱廊；次要一点的，像卫城山门和胜利神庙，是前后柱廊，伊瑞克提翁则在四面都有柱廊。所以，柱子、基座和檐部的艺术水平就是整个建筑的艺术水平，它们的风格就是整个建筑的风格。

第三，柱式的适应性很强，特别是经过希腊晚期和古罗马时期，它产生了多种与拱券结构相结合的方式。

第四，古希腊有多立克和爱奥尼亚两种柱式，到古罗马发展成五种，各有鲜明的风格和个性，适应于不同性质的建筑或同一建筑上不同的位置。

古代希腊住宅以石材砌筑为主，从庞贝古城废墟的发掘中，可以考证当时石砌民居的布局特征。

古代希腊住宅的院落是进入私密性区域的第一个空间，用简单的矮墙或带拱门的篱笆墙与街道分开。院内种植花卉，住宅的前部是家人或客人活动的空间，也就是住宅中唯一有窗户的空间，住宅的其他秘密性空间包括厨房、浴室和卧室。牲畜圈在邻近的一间房子里。

希腊沿海与山区的石砌小屋更具有特色，以白色粉墙饰面，墙上设置带花饰纹样的通气孔，在碎石铺地的对比之下，美观多趣。

古希腊沿海石砌房屋

还有，希腊建筑就是用石材雕刻出来的艺术品。从爱奥尼克柱式柱头上的旋涡，科林斯式柱式柱头上的由忍冬草叶片组成的花篮，到女郎雕像柱式上神态自如的少女，都是精美的雕刻艺术。

52 诗意安居——绿色建筑追寻的永恒理想

通过本书的阅读，同学们了解了我们人类的居住史是这样变化而来的：

最初的洞穴居，是旧石器时代原始人最普遍的居住方式。那时，原始人智力低下，工具简陋，生产能力有限，他们只能依靠天然的山洞作为居住之所，至少这样的洞穴可以让他们遮风避雨、防止野兽袭击。北京周口店猿人遗址距今约170万年，它便是迄今为止所知最早的洞穴居址。

现在有的地区还保留着这种居住习惯，如黄土高原上的窑洞。

半穴居：原始人典型的半地穴住宅。到了新石器时代，原始人使用磨制的石器后，大大提高了生产力，他们可以利用黄土层为墙壁，用木构架、草泥建造半穴居住所，后来发展为地面上的建筑，并形成聚落。

同时还有巢居，树上筑巢而居的方式，较多出现于南方。巢居出现的方式有两方面的原因，一是为了躲避猛兽攻击，二是为了防潮，因南方多雨。

后来的高脚楼、吊脚楼，都和这种巢居方式有一定的关系。这是一种以土木为原材料的建筑，一直沿袭到如今。后来砖瓦出现了，建筑所用的材料才发生了变化。

砖瓦最早出现于西周时期，但那时没有用于房屋建设，而是帝王修陵墓用的，我们熟知的长城，就是采用了砖和石材包砌的夯土墙。随着烧制技术的发展，到了明代才真正在民间普及开，老百姓也开始用得起了。

福建的红砖瓦墙就是一例。

钢混结构的出现，标志着房屋建造的一场革命。

现代城市里的高楼大厦基本都是钢混结构，这种结构最早在1849年由两个法国人发明。

建筑物上的绿色

今天，更多的人提倡绿色建筑，需要一个简单、方便、舒适的居所，这是一个具有诗意的建筑梦想。

德国古典浪漫派诗人荷尔德林写过一首诗：

如果人生纯属辛劳，人就会
仰天而问：难道我

所求太多以至无法生存？是的。只要良善
和纯真尚与人心为伴，他就会欣喜地拿神性
来度测自己。神莫测而不可知？
神湛若青天？我宁愿相信后者。
这是人的尺规。
人充满劳绩，但还
诗意地安居于大地上
……

追寻自然的建筑

因为这首诗的原因，人们提出了诗意安居的理念，它将是绿色建筑追寻的永恒理想。同学们要去努力，争取做一个诗意安居的建设者。